安全工程专业实验指导书

ANQUAN GONGCHENG ZHUANYE SHIYAN ZHIDAOSHU

梁书琴　陆愈实　梅甫定　李列平
倪晓阳　何华刚　郭海林　编著

中国地质大学出版社有限责任公司
ZHONGGUO DIZHI DAXUE CHUBANSHE YOUXIAN ZEREN GONGSI

图书在版编目(CIP)数据

安全工程专业实验指导书/梁书琴，陆愈实，梅甫定，李列平，倪晓阳，何华刚，郭海林编著.
—武汉：中国地质大学出版社有限责任公司，2013.2

ISBN 978-7-5625-3056-5

Ⅰ.①安…
Ⅱ.①梁…②陆…③梅…④李…⑤倪…⑥何…⑦郭…
Ⅲ.①安全工程-实验-高等学校-教材
Ⅳ.①X93-33

中国版本图书馆 CIP 数据核字(2013)第 020895 号

安全工程专业实验指导书　　梁书琴　陆愈实　梅甫定　李列平　倪晓阳　何华刚　郭海林　编著

责任编辑：胡珞兰　　责任校对：张咏梅

出版发行：中国地质大学出版社有限责任公司(武汉市洪山区鲁磨路 388 号)　　邮政编码：430074
电　　话：(027)67883511　　传　　真：67883580　　E-mail：cbb @ cug.edu.cn
经　　销：全国新华书店　　http://www.cugp.cug.edu.cn

开本：787 毫米×1 092 毫米 1/16　　字数：190 千字　　印张：7.25
版次：2013 年 2 月第 1 版　　印次：2013 年 2 月第 1 次印刷
印刷：武汉珞南印务有限公司　　印数：1—1 000 册

ISBN 978-7-5625-3056-5　　定价：18.00 元

前　言

安全工程是随着现代化工业迅速发展而逐渐形成的有关工业安全生产技术、安全管理、应急救援及环境健康安全等的学科。中国地质大学(武汉)安全工程专业本科创办于1988年;1993年12月获“安全技术及工程”硕士学位授予权;1999年经湖北省学位委员会办公室批准为湖北省重点学科;2002年经批准与武汉安全环保研究院联合共建“安全技术及工程”博士点;2003年经教育部批准设立“安全工程”博士点。安全实验室成立于1988年,经过教研室全体教师的努力,实验室从无到有,从初具规模到能满足本科、硕士、博士教育与科研需要,到现在已经拥有了许多现代化的实验设备。安全实验室目前有安全检测检验与电气安全实验室、工业卫生实验室、安全人机实验室、通风除尘实验室和防火防爆实验室。

到目前为止,我校安全工程专业还没有一本比较完整的包括安全工程专业本科教育所有专业课的实验教材,在充分考虑教学老师和同学的建议后,《安全工程实验指导书》应运而生。

本实验教材内容覆盖了安全工程专业课全部必做实验,包括安全检测技术、安全人机工程学、通风除尘、火灾爆炸、电气安全、职业健康与卫生、锅炉压力容器安全7个部分的实验教学内容,是一本专业性很强的安全工程专业实验指导书。本实验教材的出版使我校安全工程学生对本专业实验有了系统的认识,结束了之前单一通过教学老师进行传授的方式,对于安全工程专业学术实践能力和创新能力的培养将有积极的推动作用。

在本实验教材的编写过程中,得到了我校安全工程教研室老师的大力支持,由梁书琴提出编写大纲,多位老师共同执笔编写完成。安全检测与电气安全部分由李列平编写;通风除尘部分由陆愈实编写;安全人机工程学部分由郭海林编写;火灾爆炸部分由梅甫定编写;职业健康与卫生部分由何华刚编写;锅炉压力容器安全由倪晓阳编写。全书由梁书琴负责统稿,多位老师参加了本教材部分章节的修订工作。本实验教材主要读者是中国地质大学(武汉)安全工程专业的学生、教师，也可供其他兄弟院校和单位相关专业教学、科研等工作者作为实验参考用书或者培训教材。

在编写本实验教材的过程中，参考了大量相关的实验指导书和文献资料，在此谨向这些作者表示感谢。由于水平所限，加之时间仓促，本教材中的不妥之处，恳请各位读者批评指正。

编　者

2012 年 9 月

目　　录

第一章　安全检测实验

实验一　超声波探伤实验

一、实验目的

(1)掌握超声波探伤的原理与方法。

(2)学会使用 SB－300 型数字式超声波探伤仪,并能对缺陷进行定性定量分析。

二、实验仪器与原理

本实验主要使用 SB－300 型数字式超声波探伤仪,CSK－Ⅰ型、CSK－Ⅲ型标准试块,超声波的斜探头、直探头。

超声波探伤技术,就是利用超声波的高频率和短波长所决定的传播特性,即:

(1)具有束射性(又叫指向性),如同一束光在介质中是直线传播的,可以定向控制。

(2)具有穿透性,频率越高,波长越短,穿透能力越强,因此可以探测很深(尺寸大)的零件。穿透的介质超致密,能量衰减越小,所以可用于探测金属零件的缺陷。

(3)具有界面反射性、折射性,对质量稀疏的空气将发生全反射。声波频率越高,它的传播特性与光的传播特性越接近。如超声波的反射、折射规律完全符合光的反射、折射规律。

利用超声波在零件中的匀速传播以及在传播中遇到界面时发生反射、折射等特性,即可以发现工件中的缺陷。因为缺陷处介质不再连续,缺陷与金属的界面就要发生反射。如图 1－1 所示,超声波在工件中传播,没有伤时[图 1－1(a)],声波直达工件底面,遇界面全反射回来。当工件中有垂直于声波传播方向的伤,声波遇到伤界面也反射回来,如图 1－1(b)所示。当伤的形状和位置决定界面与声波传播方向有角度时,将按光的反射规律产生声波的反射传播,如图1－1(c)所示。

三、实验步骤

(1)接通仪器电源,仪器自动进入[检测]功能画面。

(2)按"↓"键,推出[参数曲线]功能,进入"选择",输入待用探头编号。

(3)参数预置:按"←"键,光标进入左侧参数窗,或按"⎍"键盘进入参数表格。参数预置包括材料声速、工件厚度、探头 K 值、探头频率、校准参数等。

材料声速:直探头设为 5 940.00m/s,斜探头设为 3 240m/s。

(4)探头入射点校准(以斜探头为例):

①准备好 CSK－Ⅰ型试块和斜探头;

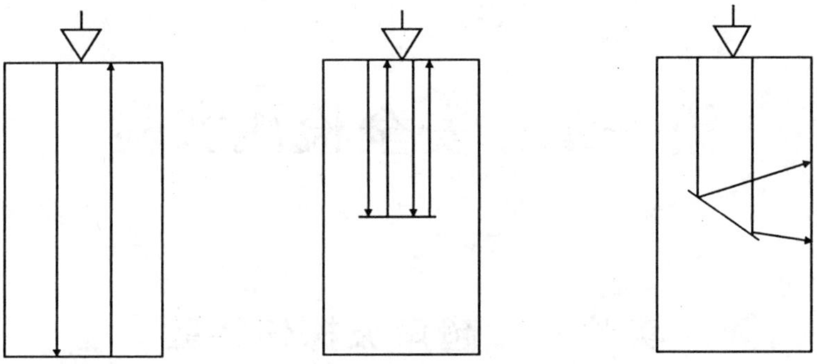

图 1-1　超声波在工件中的传播形式

②设置"标准参数"为 100mm,选择 S 坐标;

③预测试:推出[校准]菜单,在"扫查"前有一闪烁光标,按认可键进入,移动探头,找到 R_{100} 的反射波,调节闸门功能键套住 R_{100} 的反射波,用自动增益功能键使回波幅度保持在满刻度的 60%左右,探头不动,按认可键;

④入射点校准:光标移至"校距离"前,按认可键进入,轻微移动探头,找到最大反射波,按认可键退出;

⑤入射点校准完成后,保持探头位置不变,用米尺量出探头前沿到 R_{100} 弧端点间的距离 R_p,用 $R_{100}-R_p$ 的值置入"前沿"参数中。

(5)斜探头 K 值校准:

①准备好 CSK-Ⅰ型试块和斜探头;

②"标准参数"设为 15mm,选择 H 坐标;

③预测试与入射点校准相似,是为 15mm 深的人工孔的反射波;

④光标移至"校 K 值"前,按认可键进入,轻微移动探头,找到 15mm 人工孔的最大反射波,按自动增益功能键使闸门内回波调到满刻度的 60%左右,按认可键退出 K 值校准。K 值校准完成,此时 $K=$______。

(6)制作斜探头的距离-波幅曲线:

①准备好 CSK-Ⅲ型试块和斜探头;

②"材料声速"设为 3 240m/s,选择 H 坐标;

③推出[参数曲线]功能,进入"选择",输入探头编号(1～10 有效);

④进入"测试"功能,输入测试点(3～9 个)按认可键。将探头在测试点附近移动,找到该点最大回波,并记录下来,按认可键完成一个点测试。当测试点全部完成,即可得到距离-波幅曲线;

⑤个别测试不理想,可用"调整"功能进行微调;

⑥记录下调整后的距离-波幅曲线。

(7)探伤检测:在距离-波幅曲线基础上,根据不同工件,按有关标准设定"判废"、"定量"和"评定"值,则可获得定量线和判废线。记录下相关曲线。

探头在工件上移动,如遇到缺陷回波超过定量线或判废线,则发出报警声,说明工件需要维修或报废。

四、实验记录

(1)探头前沿到 R_{100} 弧端点间的距离 R_p，即 $R_p=$________ mm。

(2)K 值校准，$K=$________。

(3)制作斜探头的距离-波幅曲线，曲线如下：

(4)在距离-波幅曲线的基础上，根据不同工件，按有关标准设定“判废”、“定量”和“评定”值，则可获得定量线和判废线，记录下相关曲线，曲线如下：

五、思考题

通过试样上人工伤的探测实验，你对探伤仪的最小灵敏度是怎样理解的(什么叫灵敏度)？

实验二　磁粉探伤实验

一、实验目的

(1)掌握磁粉探伤的基本原理和基本方法。

(2)掌握磁粉探伤机的操作方法。

(3)掌握磁悬液的配置方法。

(4)掌握标准缺陷试块综合性能实验。

二、实验仪器及原理

本实验主要用的仪器有 CED－3000 型移动式直流磁粉探伤机、带有自然缺陷的试块、试验用磁粉、磁悬液配置工具。

如果工件表面存在细小缺陷,工件被磁场磁化时,将在缺陷处产生漏磁场,若在工件上均匀撒上磁粉或磁悬液,则在缺陷处由于漏磁场的作用,磁粉在漏磁场处堆积形成磁痕,通过磁痕分析则可知道工件表面是否存在缺陷以及缺陷的大小及性质。

三、实验步骤

(1)按比例配置磁悬液。

(2)将磁悬液均匀地撒在标准试件上。

(3)将试件放置于一铁板上。

(4)在探伤机上选择检测方法(交流或直流)连接电缆线,插上远程控制线。

(5)将输入电缆线接到相应的配电装置。

(6)打开电源开关,选择恰当的充磁或退磁电流。

(7)将控制支杆用力压住实验用电板,开始滤磁。

(8)观察磁痕情况并记录。

(9)将试件退磁。

四、实验记录

记录多试件的磁痕图形。

五、思考题

直流磁化和交流磁化对探伤深度有何影响?

实验三 氨检测技术实验

一、实验目的

(1)掌握氨测定仪的原理、类型、应用。

(2)掌握氨测定仪正确的使用、维护方法。

二、实验仪器与原理

实验仪器有 GDYQ－301S 现场氨测定仪(图 1－2)、去离子水或蒸馏水、液体氨试剂(一)、液体氨试剂(二)(必须在冰箱中 4℃下避光保存)。

本实验采用 GDYQ－301S 现场氨测定仪,该测定仪广泛应用于居住区、居室空气、室内空气、公共场所、养殖场、肥料制造厂、垃圾处理厂、烫发场所、原料、样品工艺过程及生产车间和生活场所中氨的现场定量测定。

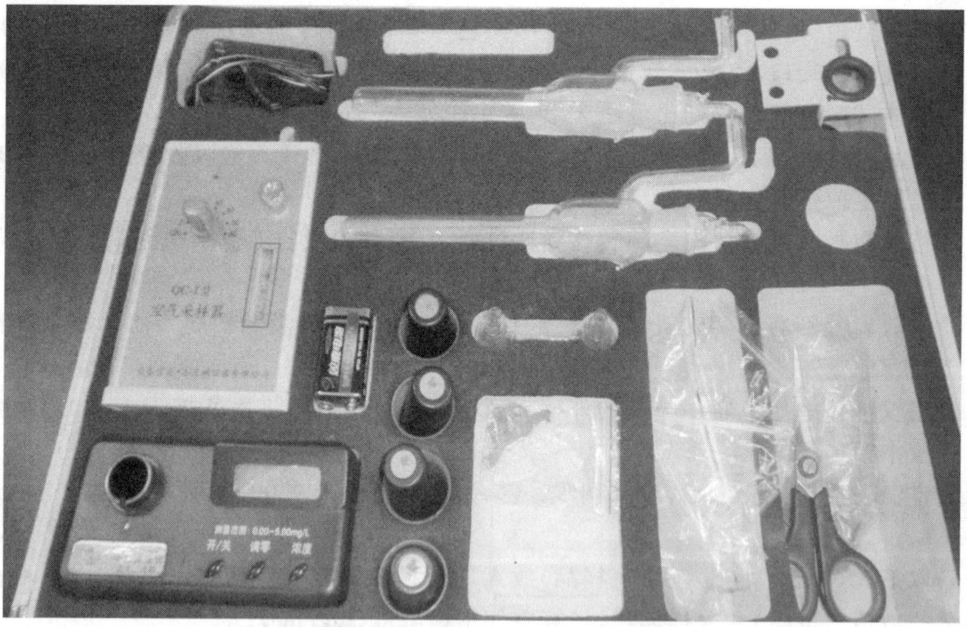

图 1－2 GDYQ－301S 现场氨测定仪

该仪器原理是基于被测样品中氨与显色剂反应生成黄色化合物对可见光选择性吸收而建立的比色分析法。仪器由硅光光源、比色瓶、集成光电传感器和微处理器构成,可直接在液晶屏上显示出被测样品中氨的含量。

三、实验步骤

(1)打开铝合金携带箱,取出空气采样仪和气泡吸收管支撑架,将气泡吸收管支撑架挂在空气采样仪进气口和出气口的不锈钢管上,然后将气泡吸收管插入固定架中。

(2)用乳胶管连好大气采样仪的管路。气泡吸收管的出气口(侧端)与缓冲瓶轴向端口用粗胶管连接,缓冲瓶另一端则与采样仪进气口用细胶管连接,使连接口不漏气。

(3)将空气采样仪固定到铝合金三角架上,空气采样仪距离地面高度通过三角架上的旋钮可自由上下调节。

(4)打开圆柱形比色瓶 1 的瓶盖,加水至刻度线(10ml)。

(5)取氨试剂管(一)一支,用剪刀剪开氨试剂管(一)端口,将氨试剂管(一)插入比色瓶 1 溶液中,反复捏压氨试剂管(一)(大肚管)底部,使氨试剂管中液体试剂全部转移到比色瓶 1 中。

(6)盖上比色瓶 1 胶塞,摇动使试剂溶解。

(7)取下气泡吸收管的进气口磨口塞,插入支撑架上的圆孔中。

(8)将比色瓶 1 中的溶液全部倒入气泡吸收管中,然后将气泡吸收管进气口磨口塞插入气泡吸收瓶中,用橡皮筋固定,防止漏气。

(9)打开采样仪电源开关,调节采样仪的采样时间(根据采样地点的氨浓度而定)和采样气体流量(0.5L/min 或 1.0L/min)。根据采样仪的采样时间、气体流量、采样时的温度和压力,计算出采样体积(L)。

(10)试剂空白:采样停机前,打开圆柱形比色瓶 2 的瓶盖,加水至刻度线(10mL),用剪刀剪开氨试剂管(一)端口,将氨试剂管(一)插入比色瓶 2 溶液中,反复捏压氨试剂管(一),使氨试剂管中液体试剂全部转移到比色瓶 2 中,盖上胶塞,摇动使试剂溶解。

(11)样品:采样停机后,断开气泡吸收管出口的乳胶管,取下气泡吸收管进气口磨口塞,从采样仪支撑架上取下气泡吸收管。

(12)将气泡吸收管中溶液全部转移到比色瓶 1 中(如果吸收液低于比色瓶 1 刻度线,加水补充到刻度线 10mL),盖上胶塞。

(13)用剪刀分别剪开两支氨试剂管(二)的端口,将管中溶液分别滴入比色瓶 1 和比色瓶 2 中,然后盖紧胶塞,摇动 10s。

(14)用软纸擦净比色瓶 1 与 2 的外壁,旋紧比色瓶定位器,将比色瓶 2(空白)放入氨测定仪比色瓶槽中锁定。

(15)室温下放置 10min 后,按<调零>键,液晶屏上出现 0.00 时,表示以试剂空白调零已完成。

(16)取下比色瓶 2,将比色瓶 1(样品)放入比色槽中锁定。然后按<浓度>键,根据液晶屏上显示的数值(mg/L)和采样体积,计算空气中氨浓度(mg/m³)。

四、实验记录

同温度下不同压力时空气中氨浓度计算:

$$C=\frac{C_0}{V_0}\times 10=\frac{C_0}{V_t\times\frac{273}{273+t}\times\frac{P}{101.3}}\times 10$$

式中:C——空气中氨浓度,mg/m^3;

C_0——氨测定仪显示值,mg/L;

V_0——标准状态下的采样体积,L;

P——实验现场的大气压，kPa；

V_t——大气压为 P 的采样体积，L。

根据仪器所测结果，与国际限量进行比较，判断出空气中氨是否超标。空气中氨国标限量标准为 0.2mg/m^3。

计算结果：C=________。

五、注意事项

(1)所用玻璃器具必须用离子水或蒸馏水清洗干净。

(2)加入试剂后，盖上橡胶塞充分摇动，使试剂混合均匀。

(3)比色瓶插入比色槽前必须用软纸或棉布擦净比色瓶表面。

(4)比色瓶插入比色槽时必须用比色瓶定位器锁定比色瓶，并防止杂散光进入。

六、思考题

简述本实验所运用的实验方法。

实验四　室内空气甲醛测定实验

一、实验目的

(1)掌握甲醛测定仪的原理、类型、应用。

(2)掌握甲醛测定仪正确的使用、维护方法。

二、实验仪器

本实验主要仪器有 GDYQ－201S 甲醛测定仪、去离子水、蒸馏水或纯净水、粉末状甲醛试剂(一)、液体甲醛试剂(二)。

原理与实验三相似。

三、实验步骤

1. 快速测定法

(1)打开铝合金携带箱,取出空气采样仪和气泡吸收管支撑架,将气泡吸收管支撑架挂在空气采样仪进气口和出气口的不锈钢管上,然后将气泡吸收管插入固定架中。

(2)用乳胶管连接好大气采样仪的管路。气泡吸收管的出气口(侧端)与缓冲瓶轴向端口用粗胶管连接,缓冲瓶另一端与采样仪进气口用细胶管连接,使连接口不漏气。

(3)将空气采样仪固定到铝合金三角架上,空气采样仪距离地面高度通过三角架上的旋钮可自由上下调节。

(4)打开圆柱形比色瓶 1 的瓶盖,加水至刻度线(10mL)。

(5)取甲醛试剂管一支,用剪刀剪开甲醛试剂管(一)端口,将甲醛试剂管(一)插入比色瓶 1 溶液中,反复捏压甲醛试剂管(一)(大肚管)底部,使氨试剂管中液体试剂全部转移到比色瓶 1 中。

(6)盖上比色瓶 1 胶塞,摇动使试剂溶解。

(7)取下气泡吸收管的进气口磨口塞,插入支撑架上的圆孔中。

(8)将比色瓶 1 中的溶液全部倒入气泡吸收管中,然后将气泡吸收管进气口磨口塞插入气泡吸收瓶中,用橡皮筋固定,防止漏气。

(9)打开采样仪电源开关,调节采样仪的采样时间(根据采样地点的甲醛浓度而定)和采样气体流量(0.5L/min 或 1.0L/min)。根据采样仪的采样时间、气体流量、采样时的温度和压力,计算出采样体积(L)。

(10)试剂空白:采样停机前,打开圆柱形比色瓶 2 的瓶盖,加水至刻度线(10mL),用剪刀剪开甲醛试剂管(一)端口,将甲醛试剂管(一)插入比色瓶 2 溶液中,反复捏压甲醛试剂管(一),使甲醛试剂管中液体试剂全部转移到比色瓶 2 中,盖上胶塞,摇动使试剂溶解。

(11)样品:采样停机后,断开气泡吸收管出口的乳胶管,取下气泡吸收管进气口磨口塞,从采样仪支撑架上取下气泡吸收管。

(12)将气泡吸收管中溶液全部转移到比色瓶 1 中(如果吸收液低于比色瓶 1 刻度线,加水补充到刻度线 10mL),盖上胶塞。

(13)用手握住比色瓶 1 和比色瓶 2,靠体温加热 7min。

(14)用剪刀分别剪开两支甲醛试剂管(二)的端口,将管中溶液分别滴入比色瓶 1 和比色瓶 2 中,然后盖紧胶塞,摇动 10s。

(15)再用手握住比色瓶 1 和比色瓶 2,靠体温加热 5min。

(16)用软纸擦净比色瓶 1 与 2 的外壁,旋紧比色瓶定位器,将比色瓶 2(空白)放入甲醛测定仪比色瓶槽中锁定。

(17)按＜调零＞键,液晶屏上出现 0.00 时,表示以试剂空白调零已完成。

(18)取下比色瓶 2,将比色瓶 1(样品)放入比色槽中锁定。然后按＜浓度＞键,根据液晶屏上显示的数值(mg/L)和采样体积,计算空气中甲醛浓度(mg/m^3)。

2. 标准测定法

(1)打开铝合金携带箱,取出空气采样仪和气泡吸收管支撑架,将气泡吸收管支撑架挂在空气采样仪进气口和出气口的不锈钢管上,然后将气泡吸收管插入固定架中。

(2)用乳胶管连接好大气采样仪的管路。气泡吸收管的出气口(侧端)与缓冲瓶轴向端口用粗胶管连接,缓冲瓶另一端与采样仪进气口用细胶管连接,使连接口不漏气。

(3)将空气采样仪固定到铝合金三角架上,空气采样仪距离地面高度通过三角架上的旋钮可自由上下调节。

(4)打开圆柱形比色瓶 1 的瓶盖,加水至刻度线(10mL)。

(5)取甲醛试剂管一支,用剪刀剪开甲醛试剂管(一)端口,将甲醛试剂管(一)插入比色瓶 1 溶液中,反复捏压甲醛试剂管(一)(大肚管)底部,使氨试剂管中液体试剂全部转移到比色瓶 1 中。

(6)盖上比色瓶 1 胶塞,摇动使试剂溶解。

(7)取下气泡吸收管的进气口磨口塞,插入支撑架上的圆孔中。

(8)将比色瓶 1 中的溶液全部倒入气泡吸收管中,然后将气泡吸收管进气口磨口塞插入气泡吸收瓶中,用橡皮筋固定,防止漏气。

(9)打开采样仪电源开关,调节采样仪的采样时间(根据采样地点的甲醛浓度而定)和采样气体流量(0.5L/min 或 1.0L/min)。根据采样仪的采样时间、气体流量、采样时的温度和压力,计算出采样体积(L)。

(10)试剂空白:采样停机前,打开圆柱形比色瓶 2 的瓶盖,加水至刻度线(10mL),用剪刀剪开甲醛试剂管(一)端口,将甲醛试剂管(一)插入比色瓶 2 溶液中,反复捏压甲醛试剂管(一),使甲醛试剂管中液体试剂全部转移到比色瓶 2 中,盖上胶塞,摇动使试剂溶解,放置 30min。

(11)样品:采样停机后,断开气泡吸收管出口的乳胶管,取下气泡吸收管进气口磨口塞,从采样仪支撑架上取下气泡吸收管。

(12)将气泡吸收管中溶液全部转移到比色瓶 1 中(如果吸收液低于比色瓶 1 刻度线,加水补到刻度线 10mL),盖上胶塞,摇动均匀,放置 30min。

(13)用手握住比色瓶 1 和比色瓶 2,靠体温加热 7min。

(14)用剪刀分别剪开两支甲醛试剂管(二)的端口,将管中溶液分别滴入比色瓶 1 和比色瓶 2 中,然后盖紧胶塞,摇动 10s,放置 15min。

(15)用软纸擦净比色瓶 1 与 2 的外壁,旋紧比色瓶定位器,将比色瓶 2(空白)放入甲醛测定仪比色瓶槽中锁定。

(16)按＜调零＞键，液晶屏上出现 0.00 时，表示以试剂空白调零已完成。

(17)取下比色瓶 2，将比色瓶 1(样品)放入比色槽中锁定。然后按＜浓度＞键，根据液晶屏上显示的数值(mg/L)和采样体积，计算空气中甲醛浓度(mg/m³)。

四、实验记录

同温度下不同压力时空气中甲醛浓度计算：

$$C=\frac{C_0}{V_0}\times 10=\frac{C_0}{V_t\times\frac{273}{273+t}\times\frac{P}{101.3}}\times 10$$

式中：C——空气中甲醛浓度，mg/m^3；

C_0——甲醛测定仪显示值，mg/L；

V_0——标准状态下的采样体积，L；

P——实验现场的大气压，kPa；

V_t——大气压为 P 的采样体积，L。

根据仪器所测结果，与国际限量进行比较，判断出空气中甲醛是否超标。

计算结果：$C=$________。

实验五　管道检漏实验

一、实验目的

查找供水管网的漏水点或查找其他压力管道的泄漏点。

二、实验仪器与原理

本实验所用的仪器为 HL 5000 漏点探测仪。

HL 5000 漏点探测仪采用计算机处理技术来减弱环境噪声对漏水探测的影响，通过抑制间断性噪声的干扰，达到尽可能只显示作为最小值的稳定噪声（例如，由漏水管道产生的噪声）的测量目的。HL 5000 漏点探测仪具有非金属管道探测模式，如果利用 RSP3 脉冲发生器产生脉冲信号，可用于定位非金属管道。HL 5000 漏点探测仪的另一个重要功能是噪声连续监听功能，可以在 LCD 液晶屏上以图形形式显示测量噪声随时间变化的过程。

三、实验步骤

1. 连接耳机和探头

在开启主机前，先连接好耳机和探头，关机时顺序相反。一定要在关掉设备后再拔掉耳机和探头。

2. 开机

按下开关键 

开启主机后，出现带有版本和电池状态信息的初始画面（图 1－3）。

图 1－3　HL5000 漏点探测仪的开机画面

几秒钟后初始画面消失，显示操作菜单（图 1－4），菜单内的参数设置保持上次关机前的设置状态。

3. 显示噪声测量值

柱状图同时显示采集到的声音的瞬时值和最小值，如图 1－5 所示，宽条表示最小量值。漏水噪声的特性是稳定连续的，在测量中以最小值形式出现。所显示的最小测量值受间断式噪声

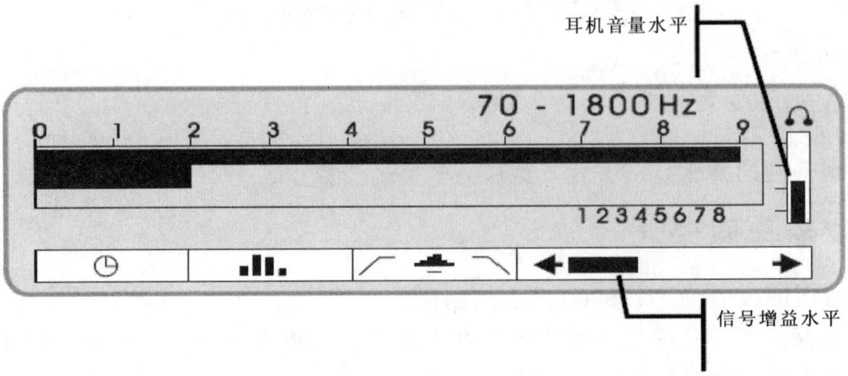

图 1－4　开机后的开始菜单

干扰的程度极小，从中可以获得理想的漏水声的信息。按下静音键后，可重新计算最小值。

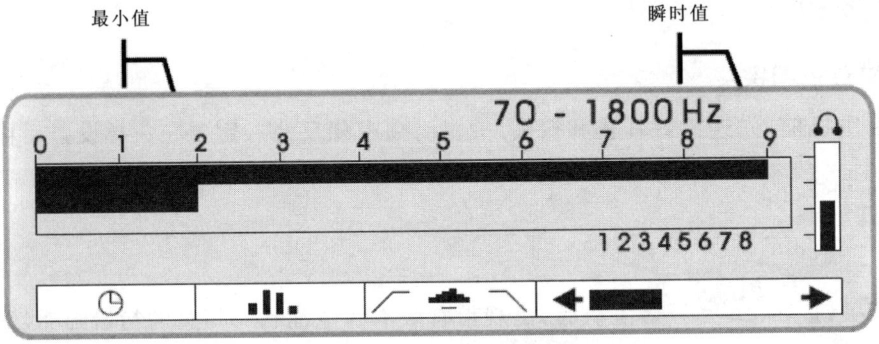

图 1－5　显示噪声的瞬时值和最小值

4. 静音键

在移动探头前，需要先按下静音键。这样可以切断耳机中的声音，避免听觉受损，并能固定显示瞬时噪声值。重新放好探头，再次按下静音键后，将开启耳机声音，更新瞬时值，重新计算最小值。

第二章　安全人机工程学实验

实验一　光选择反应时

一、实验目的

(1)掌握光选择反应时的测定方法。

(2)了解选择反应时与简单反应时的区别。

二、实验仪器

本实验主要使用的仪器有 EP2004 型心理实验台(图 2 - 1)及 EPT202 - 5 反应时装置(图 2 - 2)。

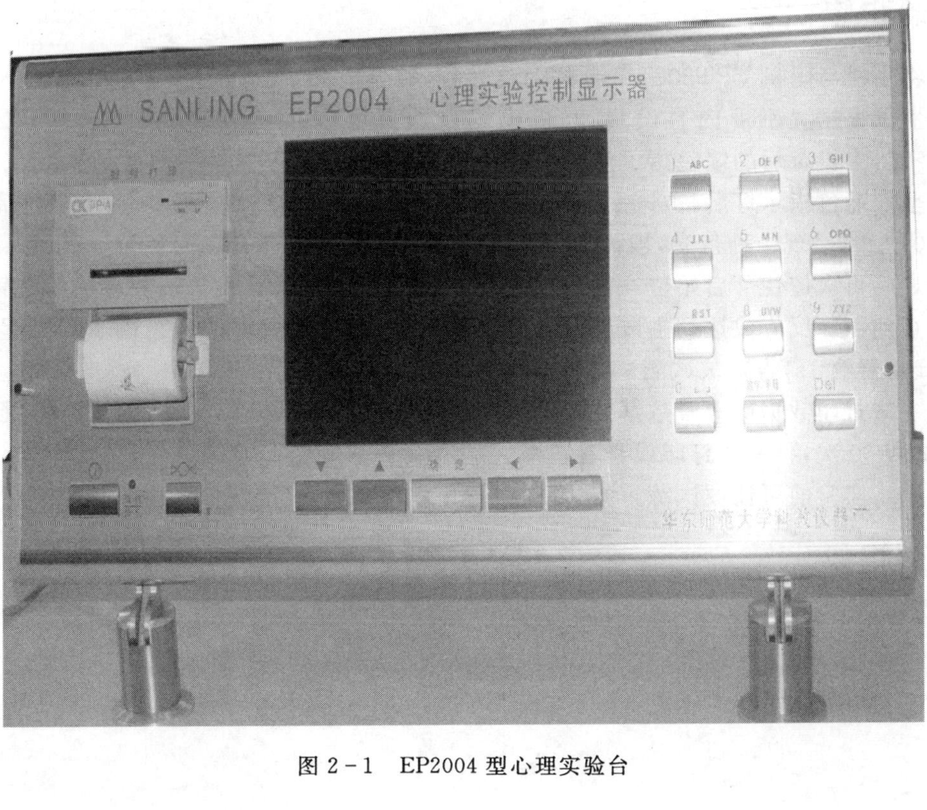

图 2 - 1　EP2004 型心理实验台

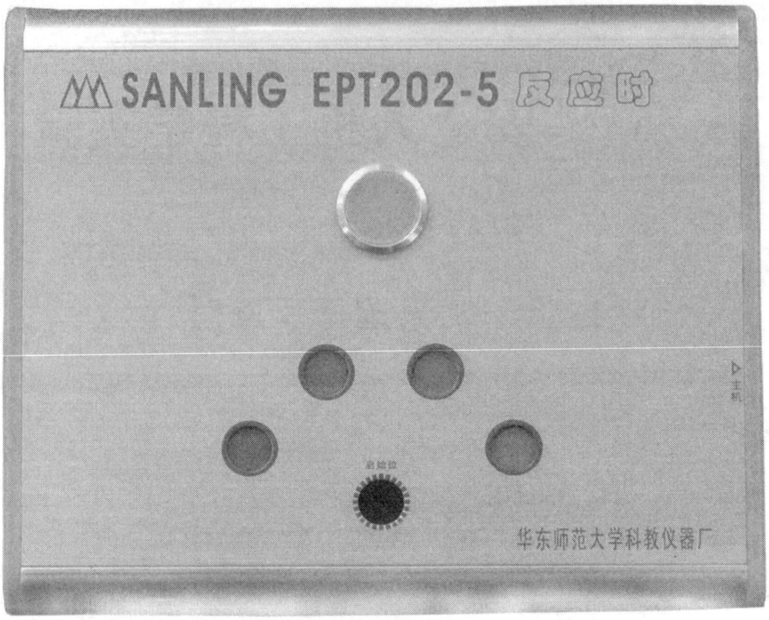

图 2－2　EPT202－5 反应时装置

三、实验步骤

(1)将主机与附机 EPT202－5 反应时连接好，打开电源，按＜运行/待机＞键。

(2)主试根据显示屏内容设置：联机模式→选择反应时→学号→姓名→次数(20)，按＜确定＞键，主机背后的绿色指示灯亮，提示被试实验开始。

(3)呈现绿色指示灯后，被试手按 EPT202－5 反应时上的＜启始位＞键，仪器上部光源待 0.5～2.0s 后将呈现一种色光，被试根据出现的光色手指迅速离开＜启始位＞键，按下相应的颜色键；之后再次按住＜启始位＞键，等待下一次色光呈现，然后再去按相应的颜色键。如此往复，一直到正确反应数达到主试所设次数则测试结束，主机背面的黄色提示灯亮起，并且仪器内的蜂鸣器响 1s，告知被试测试结束。

(4)主试打印数据或查看数据并记录，也可在休息 1min 后，选＜进行测试＞键继续实验，直到测试满 80 次，再一并打印或查看成绩。

(5)正式实验前可让被试练习 4～5 次。

四、实验记录

实验数据记录粘贴在下方空白处。

五、注意事项

(1)4 种颜色的光刺激将随机呈现,但每种刺激呈现的次数都是所设置测试次数的 1/4(如测试次数设置为 20 次,则每一色光呈现 5 次)。

(2)若错按将作出错处理;若反应时间超过 9.9999s,也按出错处理,出错次数不计入测试次数内,仪器也不记录出错的反应时间,但记录被试反应(80 次内)。

(3)实验中,如被试不再按住 <启始位>键,仪器将自动进入等待状态,直到重新按住<启始位>键,仪器才会发出下一次刺激。

六、思考题

(1)比较个人不同色光的选择反应时。

(2)比较不同被试的选择反应时。

(3)举例说明反应时实验的实际意义。

实验二　声光选择反应时

一、实验目的

(1)学习掌握声光选择反应时的测定方法。

(2)了解声光选择与光选择或声选择反应时的区别,加深对选择反应时的理解。

二、实验仪器

EP2004 型心理实验台(图 2－1)及 EPT202－5 反应时装置(见图 2－2)。

三、实验步骤

(1)将主机与附机 EPT202－5 反应时连接好,打开电源,按＜运行/待机＞键。

(2)主试根据显示屏内容设置:联机模式→声光反应时→学号→姓名→次数(20),按＜确定＞键,主机背后的绿色指示灯亮,提示被试实验开始。

(3)见到绿色提示灯亮后,被试即可开始进行测试,按住 EPT202－5 反应时上的＜启始位＞键,等待 0.5～2.0s 后,将呈现光刺激或发出声刺激。被试感受到刺激时,手指迅速离开 ＜启始位＞键;并再次按住 ＜启始位＞键,等待下一次刺激的发出。如此往复,直到达到所设次数则测试结束,主机背面的黄色指示灯亮起,并且仪器内的蜂鸣器鸣响 1s,告知被试测试结束。

(4)主试打印数据或查看数据并记录,也可做满 60 次后,再一并打印或查看成绩。

四、实验记录

实验数据记录粘贴在下方空白处。

五、注意事项

(1)光刺激和声将随机呈现,但每种刺激呈现次数总是所设置测试总数的 1/2,如测试次数设置为 20 次,则光刺激和声各呈现 10 次。

(2)刺激发出后,若 10s 不离开 ＜启始位＞键,仪器自动结束该刺激,在 0.5～2.0s 后,再次发出新的刺激,而前一次刺激不计算在总测试次数内。

(3)实验中,如被试不再按住 ＜启始位＞键,仪器将自动进入等待状态,直到重新按住＜启始位＞键,才会发出下一次刺激。

六、思考题

比较声光选择反应时与光选反应时的差异,试分析原因。

实验三　闪光融合频率测定

一、实验目的

学习使用亮点闪烁仪，测量闪光融合频率(CFF)。

二、实验仪器

EP2004 型心理实验台(见图 2-1)及 EPT403 亮点闪烁仪(图 2-3)。

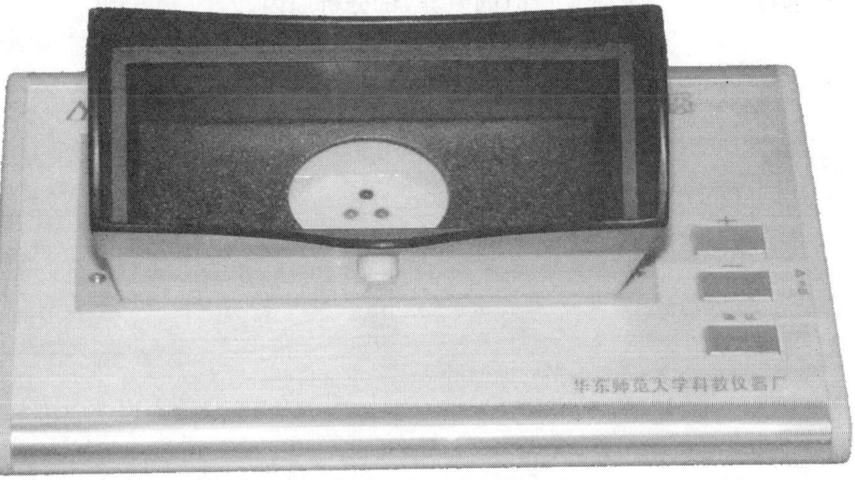

图 2-3　EPT403 亮点闪烁仪

三、实验步骤

(1)将主机与附机 EPT403 连接好，打开电源，按<运行/待机>键。

(2)主试根据屏显内容设置：联机模式→学号→姓名→亮度(100%)→亮黑比(1∶1)→背光(关)→模式(单色)→颜色(红)→观察(双眼)→执行轮数(4 次)，按<确定>键，主机背后绿色指示灯亮，提示被试实验开始。

(3)被试见绿色指示灯亮后，双眼靠近闪烁仪观察口，手指分别按住<+>键、<->键，并根据闪烁情况作相应增减，原来闪烁的向不闪烁临界频率调节(按<+>键)，原来不闪烁的向闪烁临界频率调节(按<->键)，每按一下改变 0.1Hz，按键时间持续超过 1s，将快速增减，在闪烁与不闪烁附近反复调整，直到调节到最接近临界时为止，按<确定>键。每一轮共有 4 次测试，按 ABBA 顺序呈现刺激。当完成设定的轮数(共 16 次)，黄色指示灯亮，实验结束。

(4)主试打印数据或查看数据并记录。

四、实验记录

实验数据记录粘贴在下方空白处。

五、注意事项

(1)输入数字超过 15 将自动变为 15。

(2)不输入数字直接按＜确定＞键,则默认为 1 轮测试。

(3)每一轮包含 4 次测试,初始频率依次为 8.0Hz、80.0Hz、80.0Hz 和 8.0Hz。

六、思考题

相同条件下,不同被试间 CFF 有何差别,试分析原因。

实验四　注意力集中测试

一、实验目的

(1)EP701C注意力集中能力测定仪可进行视觉动作学习和注意力测定，以达到培养学生的注意力集中和增强抵抗外界干扰的能力。

(2)在测试过程中，本仪器能记录在预定时间内学生动作失败(离靶)的次数，还能记录总的在靶时间，同时还可以根据需要制造各种干扰因素，以测定在各种干扰环境下被测学生的抗干扰能力。

二、实验仪器

EP701C注意力集中测试仪，实验图形板3块以及"L"形光笔一支。

三、实验步骤

(1)硬件连接：将"L"形光笔插头插入主机反面"光笔输入插座"处；如需干扰，则将耳机插头插入主机的"耳机输出"处。

(2)打开电源，仪器自动进入上电复位状态(也可在任意时刻按红色＜复位＞键进行复位)。仪器面板上的转速显示"50"，定时"0030"，在靶时间显示"0000.00"，并且转速显示在不停闪烁。

(3)仪器进入转速设置及定时设置，此时仪器转速显示开始闪烁，此时按定时定速键组的按钮，选择转盘速度，在每个键的左上方分别标有"10,20,30,…,90"，选择相应的键，例如按标有"30"的键，则转盘速度是每分钟30圈。完成转盘速度选择后，转速显示停止闪烁。仪器定时显示开始闪烁，按定时定速组的按钮，选择定时时间，在每个键的右下方分别标有"1,2,3,…,0"，按动相应的按钮，输入定时时间数值即可，如分别输入"3"，"0"，即完成定时30s。

(4)调节干扰噪声音量旋钮，可改变干扰强度。

(5)被试按主试的要求将"L"形光笔头放在实验图形板的轨迹上的某一处(由主试确定)。

(6)主试按＜开始＞键，被试开始进行测试，被试手持"L"形光笔跟踪图形板下运动的接受靶，当光笔第一次跟踪到接受靶时，仪器正式开始计时计次。同时仪器发出"滴滴"两声，以示仪器正式测试。当定时结束后，仪器再次发出"滴滴"两声，以示结束。

(7)主试记录结果填入表格中。

(8)当完成一次测试后，转速及定时时间显示闪烁。如再次按下＜开始＞键，仪器将以刚才的设置参数运行。如需改变设置，则需按＜复位＞键进行复位，再重复步骤(3)。

四、实验记录

	在靶时间(s)	离靶次数
无噪声干扰		
有噪声干扰		

五、注意事项

(1)由于“L”形光笔灵敏度极高，所以在测试时被试应使光笔头轻轻放在图板上或离开1～2mm，以保证实验结果的正确性。

(2)仪器工作时，接受靶转动，此时严格禁止任何物体接触转动的接受靶，以免损坏仪器的传动机构。

六、思考题

比较在有、无噪声两种情况下的在靶时间和离靶次数，试分析原因。

实验五　手臂稳定性

一、实验目的

学习测定手的动作稳定性，检验情绪对手动作稳定性的影响。

二、实验仪器

EP2004 型心理实验台（见图 2－1）及 EPT704 动作稳定仪（图 2－4）。

图 2－4　EPT704 动作稳定仪

三、实验步骤

（1）将主机与附机 EPT704 动作稳定仪连接好，打开电源，按 ＜运行/待机＞键。

（2）主试根据屏显内容设置：联机模式→九洞型→学号→姓名→允许碰壁次数（3 次），按＜确定＞键，绿色指示灯亮，提示被试可以实验。

（3）被试看见绿色指示灯亮后，手握试笔，肘部悬空，尽量与平面保持垂直，将笔头在最大洞旁的金属＜▲＞点一下，仪器开始计时，将被试笔插入洞中，碰到底后再拿出来，按从大到小的顺序依次做，整个过程中不能碰壁，否则鸣响。只要鸣响，被试就要在该洞再做一下，直至在某洞碰壁次数达到所设定次数（不是总碰壁次数），仪器自动停止计时，黄色指示灯亮，测试结束。

注意：被试一定要按从大到小的顺序做，且要在真正完成了一个洞的测试（笔碰到洞底）才能继续做下一个洞，否则仪器不予理会。

(4)主试根据屏显界面，可选再做一次，直到 10 次，再一并打印数据或查看数据并记录数据(结果中终止于 4.5 洞表示被试未通过的洞直径为 4.5mm)。换左手再做 10 次，轮换中间休息 1min。

(5)测定比赛时紧张情绪对动作稳定的影响。两组比赛，比赛进行时主试们在旁边分别报告两人进行的情况，造成竞赛的紧张气氛(需两台仪器)。

四、实验记录

(1)统计各被试稳定性，颤动范围(颤动范围即为未通过洞的前一个洞直径，仪器结果中已标出)越小，稳定性越大(稳定性＝1/颤动范围)，比较其个体差异。

(2)比较同一被试左右手的动作稳定性。

(3)比较各被试在安静和比赛时动作稳定情况的变化。

五、思考题

(1)分析自身情绪对动作稳定性的影响。

(2)你认为一个人的左右手动作稳定性是否相关？怎样验证你的想法？

实验六　手指灵活性测定

一、实验目的

手指动作的迅速、准确和协调等特征为手指灵活性，它是指速度及动作频率。手指灵活性测定仪，就是采用手指夹住镊子去夹短铁捧按指定的程序插入孔内，根据完成指定任务所用的时间来反映手指灵活性的程度。

二、实验仪器

多功能计时控制器(图 2-5)、手指灵活测试仪(图 2-6)、镊子。

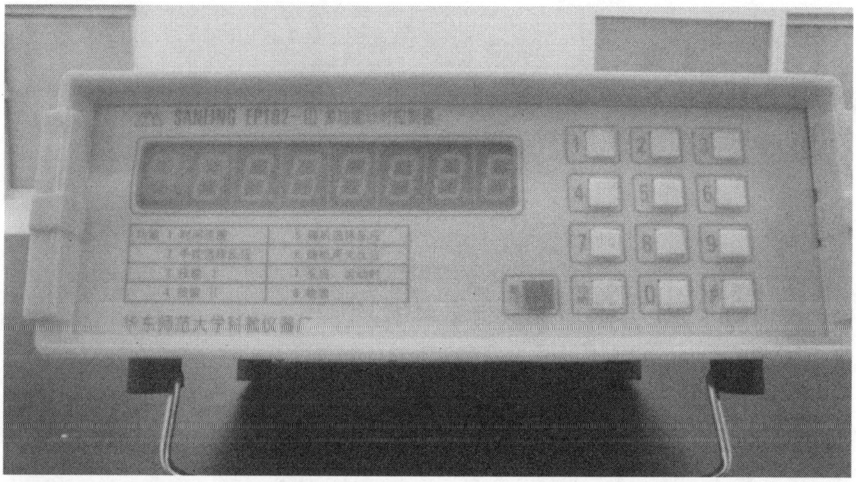

图 2-5　多功能计时控制器

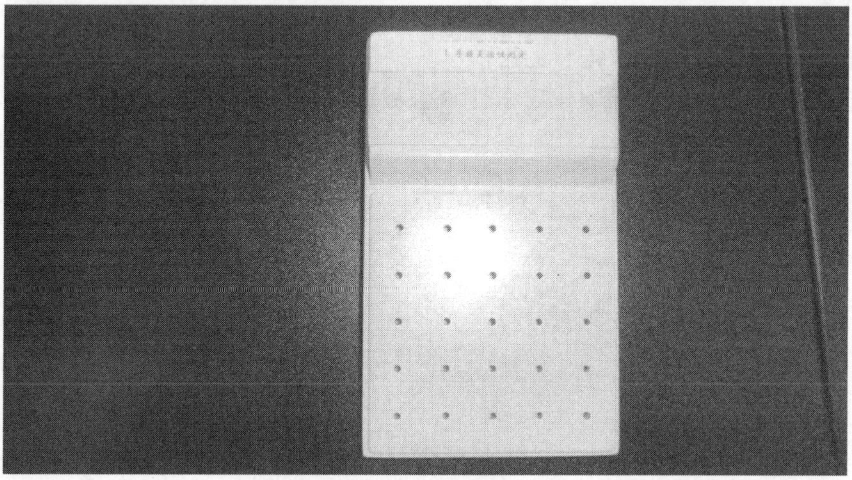

图 2-6　手指灵活测试仪

三、连接方式

手指灵活测试仪尾部有一个 15 芯插座，插入 15 芯电缆线插头（注意须插紧），电缆线另一插头，插入多功能计时器后上方 15 芯插座。接通电源，连接打印机。

四、实验步骤

（1）接通电源后（或复位）显示 SEL。

（2）按“1”键，显示 SEL 1。

（3）当被试者将第一根短铁棒插入左上第一孔即开始计时。

（4）当被试者从左至右、从上至下将第 25 根短棒插入右下方一孔时即停止计时。

（5）按＜功能＞键，打印结果。

P　　—1	代表功能 1，手指灵活性测定	E＝1	很灵活
T＝××××.××××s	代表完成该项目所用时间	E＝2	灵活
E＝×	代表所放映的等级水平	E＝3	一般
		E＝4	不灵活
		E＝5	很不灵活

（6）如需要重复操作，只需按“#”，显示 SEL 1，即可重复（3）、（4）、（5）步骤。

五、实验记录

实验结果记录在下方空白处。

六、注意事项

（1）被试须用手捏镊子夹铁杆，决不能直接用手将铁棒插孔。

（2）完成任务顺序须自左向右、自上向下运动。

（3）铁杆一定要按规矩插到位。

（4）完成任务后仍须用手将铁杆放入附件盒内。

实验七　敲击速度测试

一、实验目的

手腕摆动速度测试是采用手腕在单位时间内摆动的次数。人动作的速度与人体的反应速度、刺激强度、动作的目的、持续时间、动作熟练程度、疲劳以及人体的某些生物力学特性等因素有关，还与个体的心理状态有关，如个体对自己体力的衡量、个体忍耐力的强弱等状况，均会影响速率的变化。

敲击速度测试仪，就是测量被测者在单位时间内敲击的次数，主要用于研究手腕动作的灵活性以及被测的敲力。对职业选择及人才录用等方面可提供有效参考数据，亦是对个体心理素质测量的有效工具。

二、实验仪器

多功能计时控制器(见图 2－5)、敲击板(图 2－7)、敲击杆。

图 2－7　敲击板

三、连接方式

敲击杆尾部插头插入敲击报右侧的插孔。敲击板尾部 15 芯插座与电缆线 15 芯插头相接。电缆线另一插头，插入多功能计时器后上方 15 芯插座。连接打印机，接通电源。

四、使用方法

(1)接通电源后(或复位)显示 SEL。

(2)按“2”键，显示 SEL 2。

(3)当敲击杆第一次接触敲击板开始记时、记次。

(4)当定时 30s 结束,自动跳动显示××××××次,E ×等级。

(5)按“功能”键,打印结果。

P —2	代表功能 2,敲击速度测试	E=1	很快
N=××××.××××次	代表在 30s 内的敲击次数	E=2	快
E=×	代表评价等级	E=3	一般
		E=4	慢
		E=5	很慢

(6)如需重复操作,只须按“#”,显示 SEL 2,即可重复(3)、(4)、(5)步骤。

五、实验步骤

(1)主试连接仪器,按仪器连接形式完成。

(2)主试按使用方法,作始定时计数准备。

(3)准备结束,主试发出“准备”及“开始”指令,后被试进行敲击。

(4)主试观察显示变化,待记数停止,发出“停”指令。

(5)记录和打印结果。

六、实验记录

实验结果记录在下方空白处。

七、注意事项

(1)实验时被测必须以握笔姿势敲击杆,以垂直板面。

(2)手腕悬空,不能搁在桌面或其他支持物上。

(3)要求被测敲击时集中注意力,以最快的速度敲击。

实验八　手臂灵活性测定

一、实验目的

手臂灵活性是指从人的左手臂到右手臂协调工作的灵活程度。它通过拿起翻转短圆柱棒的整个操作过程的动作完善性及所用时间，反映其灵活的水准。

二、实验仪器

多功能计时控制器(图 2-5)、手臂灵活测试仪(附金属短棒两个，有机玻璃短棒 58 支，图 2-8)。

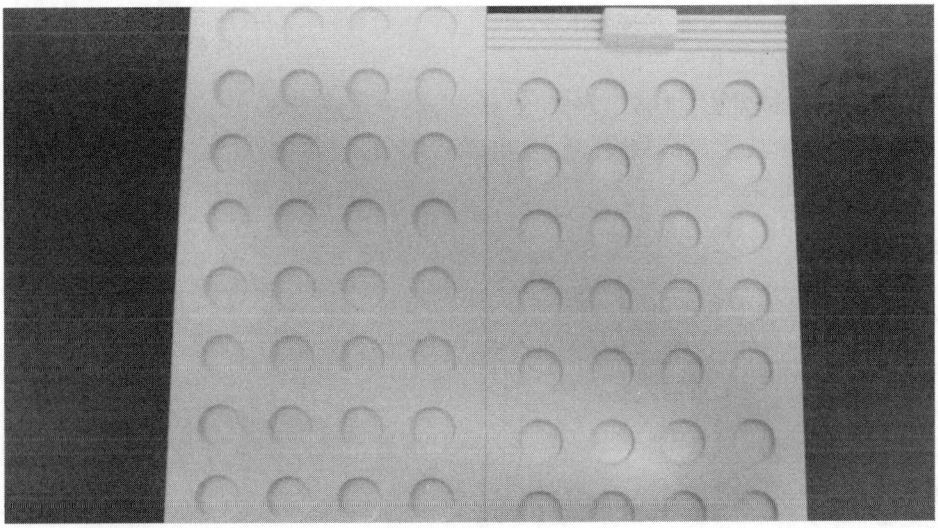

图 2-8　手臂灵活测试仪

三、连接方式

在手臂灵活测试仪左侧有一个 15 芯插座，插入 15 芯电缆线插头。另一头插入计时器后上方 15 芯插座。连接打印机，接通电源。

四、使用方法

(1)接通电源后(或复位)显示 SEL。

(2)按<4>键，显示 SEL 4。

(3)当被试者将第一根金属圆柱插入左上方第一孔开始计时(即圆柱金属凸边接触下两触点)。

(4)操作时从左上至右上，再从右二至左二，左三至右三，右下至左下，将左下方最后一个孔放入第二个金属圆柱后停止计时，自动显示=××××.××××时间，E ×等级。

(5)按＜功能＞键，打印结果。

P　　－4	代表功能 4，手臂灵活性测定	E＝1	很灵活
T＝××××.××××s	代表完成该项目所用的时间	E＝2	灵活
E＝×	代表所放映的等级水平	E＝3	一般
		E＝4	不灵活
		E＝5	很不灵活

(6)如需要重复操作，只需按“＃”，显示 SEL 4，即可重复(3)、(4)、(5)步骤。

五、实验记录

实验结果记录在下方空白处。

六、注意事项

(1)操作时须先将手臂灵活测试仪平放在桌子上，将短圆棒红色面向上，放入每个孔内(注意两个金属短棒须放在左面第一孔和左面第四孔内)。

(2)指导语：

这是一个手臂灵活性测试，你的任务是把四排短棒翻过来，具体步骤如下：

第一步　用左手拿起交右手翻转后，放回原孔，顺序从左至右；

第二步　用右手拿起交左手翻转后，放回原孔，顺序从右至左；

第三步　用左手拿起交右手翻转后，放回原孔，顺序从左至右；

第四步　用右手拿起交左手翻转后，放回原孔，顺序从右至左；

要求以最快的速度，准确动作，按要求步骤完成。

实验九　双臂协调能力测定

一、实验目的

双臂协调能力测定是技能测定的一种，用于研究双臂分配能力的手段，测量时双臂操纵平行四边形的联杆，控制探头在设定轨道运行。记录完成一个过程所用时间及出错的次数(即偏离轨道的次数)。

二、实验仪器

多功能计时控制器(见图2-5)、双臂协调测定器(图2-9)。

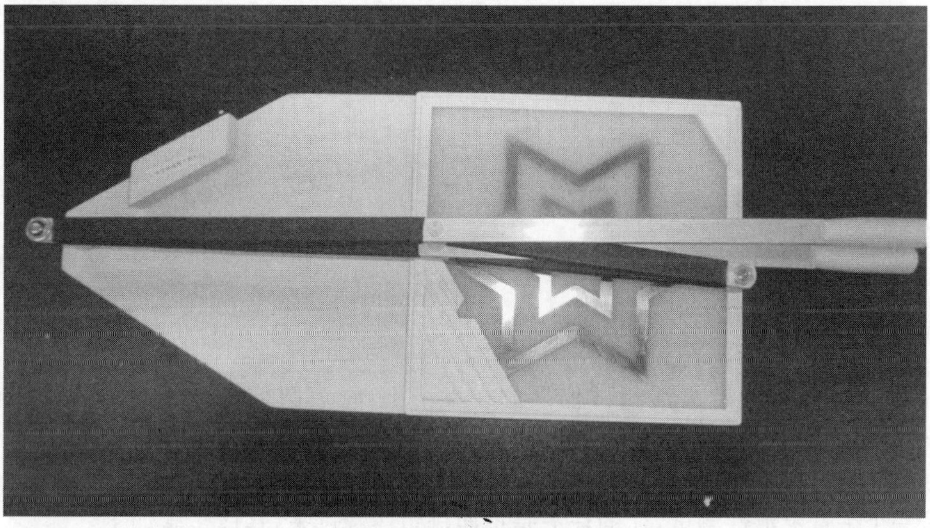

图2-9　双臂协调测定器

三、连接方式

在双臂协调测试器左后侧有一个15芯插座，插入15芯电缆线插头。另一头插入计时器后上方15芯插座。联接打印机，接通电源。

四、使用方法

(1)接通电源后(或复位)显示SEL。

(2)按＜5＞键，显示SEL 5。

(3)当被试将探头离开起始端，进入轨道开始计时计次。

(4)当完成一周探头进入终止点，停止计时、计次。自动显示××××.××××总时间，E1 ×时间等级，××××××越轨次数，E2 ×偏离等级，E ×总等级。

(5)按＜功能＞键，打印结果。

P　　—5	代表功能5,双臂协调能力测定	E=1	很强
T=××××.××××s	代表完成该项目所用时间	E=2	强
E1=×	代表时间等级(快、慢)	E=3	一般
N=××××××	代表离轨次数	E=4	弱
E2=×	代表离轨等级(准确、不准确)	E=5	很弱
E=×	代表总评价		

(6)如需要重复操作,只需按“#”,显示SEL 5,即可重复(3)、(4)、(5)步骤。

五、实验记录

实验结果记录在下方空白处。

六、注意事项

(1)正式实验开始前探头应放在起始端。

(2)结束时是将探头放在结束端。

指导语:双手请握操作杆两手柄,将探头定在六角星顶角处一侧的起始端,听到“开始”信号后,立即通过双手协调控制手柄,探头应该沿着透明轨道移动,误出轨道就记错,须又快又不错地顺时针走完一圈〈或逆时针走完一圈〉。

实验十　反应时运动时测定

一、实验目的

反应时间是指从刺激呈现到外部反应开始所用的时间。

运动时间是指从开始运动到运动完成所用的时间。

该项测定反映了人的注意力，反应速度及准确性的素质。

该项测定是采用随机呈现刺激（黄、红光刺激），从呈现到手离开反应键的时间为反应时间。离开反应键运动到运动目标键所用时间为运动时间。

二、实验仪器

多功能计时控制器（见图 2－5）、反应时运动时测定器（2－10）。

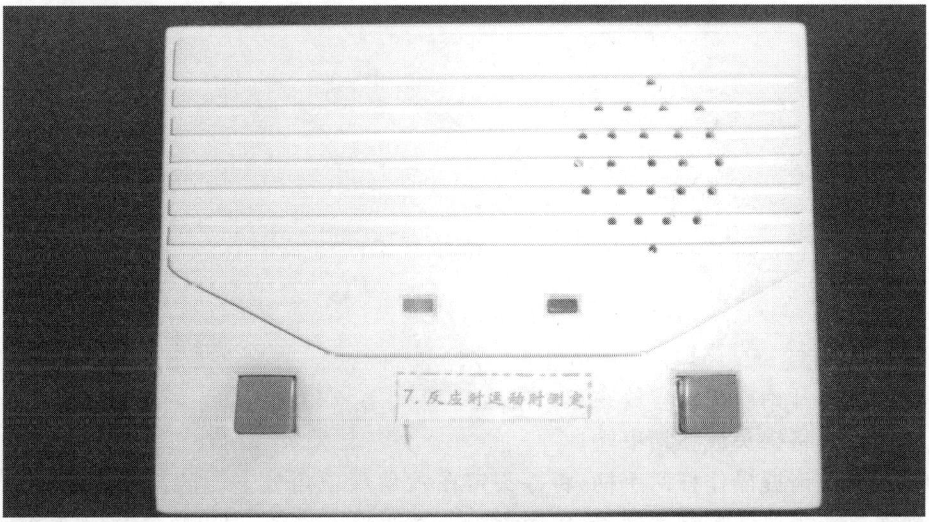

图 2－10　反应时运动时测定

三、连接方式

反应时运动时测定器尾部有一个 15 芯插座，插入 15 芯电缆线插头。另一头插入计时器后上方 15 芯插座。连接打印机，接通电源。

四、使用方法

(1)接通电源后（或复位）显示 SEL。

(2)按<7>键，显示 SEL 7。

(3)手按“黄”键，将会随机呈现 20 个“红”、“黄”光刺激。出现黄光，手离“黄”键，再返回“黄”键；出现红光，手离“黄”键，按“红”键，再返回“黄”键（“红”、“黄”键，指“红”、“黄”灯下对应的键）。

(4)直至20次结束(红光10次，黄光10次)，自动显示××××.××××平均反应时，××正确反应次数，E1 ×等级，×××.×××平均运动时，××正确运动次数，E2 ×等级。

(5)按＜功能＞键，打印结果。

P -7	代表功能7，反应时运动时测定	E＝1	很快
T1＝××××.××××s	代表反应时平均时	E＝2	快
N1＝××	代表正确次数	E＝3	一般
E1＝×	代表反应时等级	E＝4	慢
T2＝××××.××××s	代表运动时平均时	E＝5	很慢
N2＝××	代表正确次数		
E2＝×	代表运动时等级		

(6)如需要重复操作，只需按"#"，显示SEL 7，即可重复(3)、(4)、(5)步骤。

五、实验记录

实验结果记录在下方空白处。

六、注意事项

(1)整个操作过程被试只能利用手的一个手指操作，切不可换手。

(2)注意灯光，若出现红光去按运动键后，手指须立即返回反应键，等下次刺激呈现；若出现黄光，手指离开反应键后，也必须返回反应键，等下次刺激呈现。

(3)主试务必在被试准备好，即手以按反应键后，才能开始工作。

实验十一　双手协调能力测定

一、实验目的

双手协调能力是通过双手分别旋转两个旋钮，右旋钮的旋转能引起探头的上下移动，左旋钮的旋转能引起探头的左右移动，由双手的协调确保探头能在透空轨道正确地行动。根据完成这一过程的时间及离开轨道的次数来判定双手的协调能力及双手分配的好坏。

二、实验仪器

多功能计时控制器(见图 2－5)、双手协调能力测定器(图 2－11)。

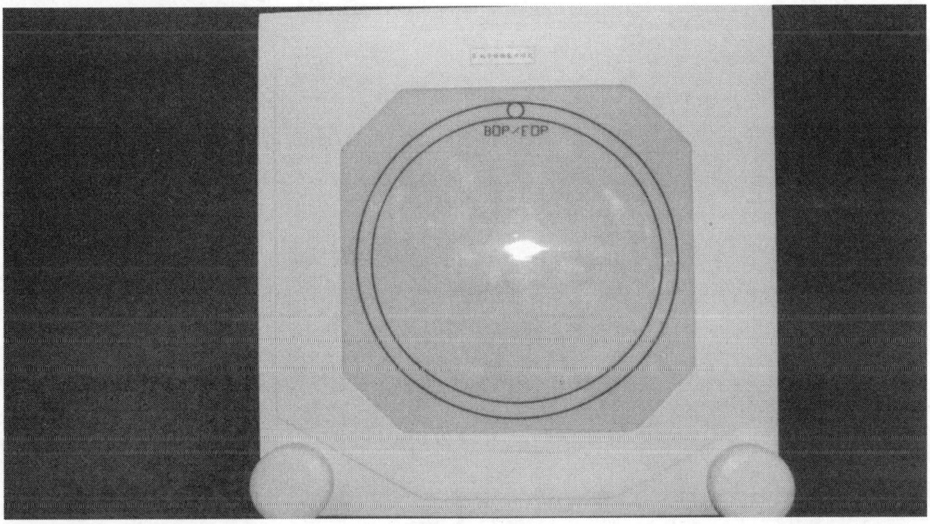

图 2－11　双手协调能力测定器

三、连接方式

双手协调能力测定器后侧有一个 15 芯插座，插入 15 芯电缆线插头。另一头插入计时器后上方 15 芯插座。连接打印机，接通电源。

四、使用方法

(1)接通电源后(或复位)显示 SEL。

(2)按“8”键，显示 SEL 8。

(3)当被试操作两旋钮，光点离开起始端开始计时、计次。

(4)当被试完成一周动作，再次进入起始端停止计时，自动显示××××.××××总时间，El ×时间等级，××××××次数，E2 ×动作等级，E ×总评价。

(5)按＜功能＞键，打印结果。

P　　－8	代表功能 8,双手协调能力	E＝1	很好
T＝××××.××××s	代表完成该项目所用时间	E＝2	好
E1＝×	代表速度等级(快、慢)	E＝3	一般
N＝××××××	代表离轨次数	E＝4	差
E2＝×	代表准确等级(准确、不准确)	E＝5	很差
E＝×	代表总评价		

(6)如需要重复操作,只需按“#”,显示 SEL 7,即可重复(3)、(4)、(5)步骤。

五、实验记录

实验结果记录在下方空白处。

六、注意事项

(1)指导语一定要明确,使被试按规定程序进行。

(2)仪器使用应在无直接强光照的场所,避免出错。

(3)练习时按顺时针轨道走,测定时按逆时针轨道走。一可减少练习效应,二可避免内部导线缠绕。

指导语:这是一个双手协调实验。你转动右手旋钮时探头上下移动;旋转左手旋钮时可使探头左右移动。同时旋转可走斜线。你要使用双手的协调动作,使探头沿着可现的图形轨道进行逆时针运动一圈,走进结束点。操作时希望不要走出轨道,要走得越快越准。

第三章　通风除尘实验

实验一　大气参数测定

一、实验目的

(1)掌握测定大气压力 P、空气湿度 φ、风速 v 的测定方法、测试仪表的结构、使用方法及数据分析处理方法等。

(2)掌握卡他计的使用方法,卡他度计算的方法。

(3)了解“智能型热式风速仪”和“9555 系列多参数通电表”的测试原理和使用方法。

二、实验仪器与原理

1. 大气压测定

空盒气压计是一个波纹金属盒和杠杆转动机构组成(图 3-1)。大气压变化时,盒面变形随之发生变化。变形值经杠杆机构传动并放大,带动盒面指针转动指出大气压值。

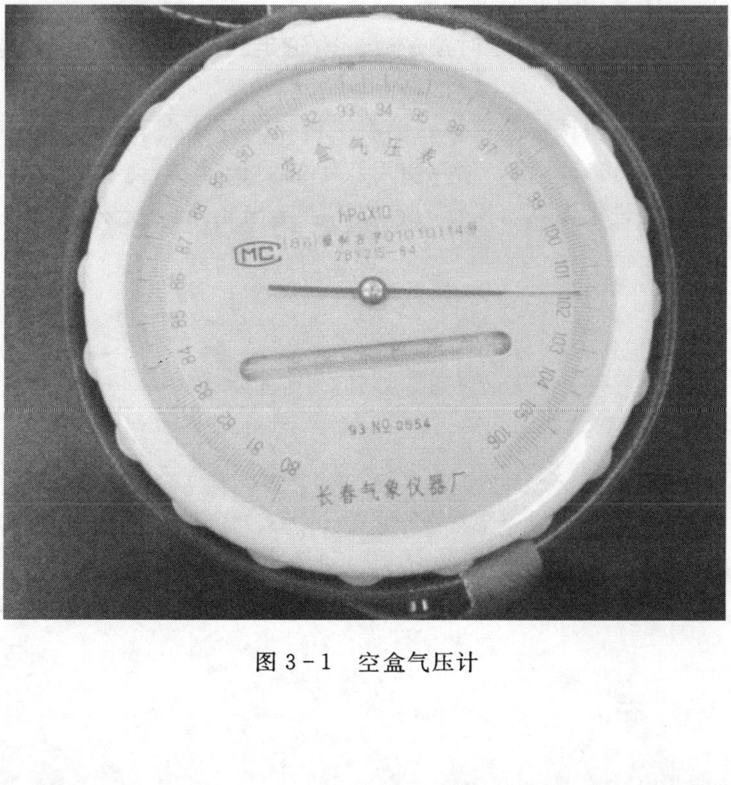

图 3-1　空盒气压计

用空盒式压力计测定大气压力 P 时，当从压力计读取 P' 后，应进行 a 刻度的订正 ΔP_1，b 温度订正 ΔP_2，c 补充订正 ΔP_3，则所订正实际大气压力为：

$$P = P' + \Delta P_1 + \Delta P_2 + \Delta P_3$$

式中：ΔP_1——刻度订正，当 $P'=0.1013\text{MPa}$ 左右时，$\Delta P_1=0$；

ΔP_2——温度订正，$\Delta P_2=At$，其中 A 为温度订正系数，$A=-0.03\text{hPa}$，t 为温度；

ΔP_3——补充订正系数，$\Delta P_3=0.1\text{hPa}$。

2. 空气相对湿度的测定

空气相对湿度常用悬吊式温度计（图 3－2）、手摇式温度计（图 3－3）、吸风式温度计（图 3－4）测定。它们都由两支水银温度计组成，其中一支为干温度计（又称干球），另一支水银球上包着纱布，称作湿温度计（又称湿球）。分别读出干球温度计的温度 t，湿球温度 t'，计算出温度差 $\Delta t=t-t'$，查空气相对湿度表，见表 3－1。

(1)用悬吊式温度计读出图 3－2 左侧干球温度计的温度 t，右侧湿球温度 t'，查表 3－1。

图 3－2　悬吊式温度计

(2)用吸风式温度计测定（图 3－4）时，用仪器小风扇上的钥匙将发条上紧，风扇转动，使空气以一定速度（一般为 1.7～3.0m/s）流经干、湿温度计的水银球周围 3min 后，两支温度计示数稳定后即可读数，计算出温差，查表 3－1 得出空气的相对湿度。

(3)用手摇式温度计（图 3－3）时，手摇摇把以 110～120r/min，经 2min 后读数，立即读出两支温度计的读数（读数时，人离仪器不少于 0.5m），湿球因其水蒸气吸热，它的读数低于干球，湿度愈高，蒸发吸热愈多，干湿球温差也愈大，根据干（或湿）温度计及温差即可查表 3－1 得出空气的相对湿度。

图 3－3　手摇式温度计

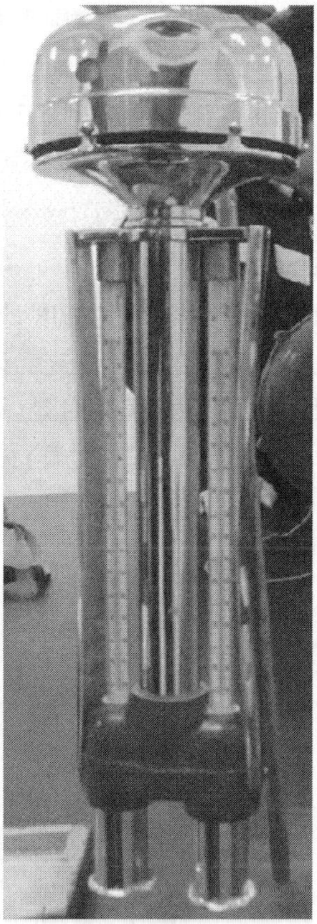

图 3－4　吸风式温度计

3. 风速测定

本实验使用机械式风速表、热球风速仪、电子风速仪测定风速(图 3－5)。

(1)用机械式风速表测风速 v：

$$v=aN+b$$

式中：$a=0.6$；

$b=1.2$；

$N=(N_2-N_1)/t$，N_1、N_2 分别为测量前后仪器转数示值；

t——测量时间，一般为 120s 左右。

(2)用热球风速仪测风速，应注意：

①校正(调满和调零)时探头缩进，测量时旋转档调 0 或低速，而探头伸出要红点压对方向。

②读取示值 v'后，应进行画校正曲线，求实际风速 v。

③测得 3s 内平均风速(亦可用数字表测得 3s 内平均风速)。

(3)用电子风速仪测定风速时，应把测试端的中心对准鼓风机口，读出示数。

表 3-1 空气相对湿度表

t'(℃) \ Δt	0.0	0.5	1.0	1.5	2.0	2.5	3.0	3.5	4.0	4.5	5.0	5.5	6.0	6.5	7.0
40	100	97	94	91	88	86	83	81	78	76	73	71	69	67	65
39	100	97	94	91	88	85	83	80	78	75	73	71	69	67	65
38	100	97	94	91	88	85	82	80	78	75	73	71	68	66	64
37	100	97	94	91	88	85	82	80	77	75	72	70	68	66	64
36	100	97	94	91	88	85	82	79	77	74	72	70	68	65	63
35	100	97	94	90	87	85	82	79	77	74	72	69	67	65	63
34	100	97	93	90	87	84	82	79	76	74	72	69	67	64	62
33	100	97	93	90	87	84	81	79	76	73	71	68	66	64	62
32	100	97	93	90	87	84	81	78	76	73	71	68	66	63	61
31	100	96	93	90	87	84	81	78	75	73	70	68	65	63	61
30	100	96	93	90	86	83	80	77	75	72	69	67	65	62	60
29	100	96	93	89	86	83	80	77	74	72	69	66	64	62	60
28	100	96	93	89	86	83	80	77	74	71	68	66	63	61	59
27	100	96	93	89	86	82	79	76	73	71	68	65	63	60	58
26	100	96	92	89	85	82	79	76	73	70	67	65	62	60	57
25	100	96	92	89	85	82	78	75	72	69	67	64	62	59	57
24	100	96	92	88	85	81	78	75	72	69	66	63	61	58	56
23	100	96	92	88	84	81	78	74	71	68	65	63	60	58	55
22	100	96	92	88	84	81	77	74	71	68	65	62	59	57	54
21	100	96	92	88	84	80	77	73	70	67	64	61	58	56	53
20	100	96	91	87	83	80	76	73	69	66	63	60	58	55	52
19	100	95	91	87	83	79	76	72	69	65	62	59	57	54	51
18	100	95	91	87	83	79	75	71	68	65	62	59	56	53	50

续表 3-1

t'(℃) \ Δt	0.0	0.5	1.0	1.5	2.0	2.5	3.0	3.5	4.0	4.5	5.0	5.5	6.0	6.5	7.0
17	100	95	91	86	82	78	74	71	67	64	61	58	55	52	49
16	100	95	90	86	82	78	74	70	66	63	60	57	54	51	48
15	100	95	90	85	81	77	73	69	65	62	59	55	52	50	47
14	100	95	90	85	81	76	72	68	64	61	57	54	51	48	45
13	100	95	90	85	80	76	71	67	63	60	56	53	50	47	44
12	100	94	89	84	79	75	70	66	62	59	55	52	48	45	42
11	100	94	89	84	79	74	69	65	61	57	54	50	47	44	41
10	100	94	88	83	78	73	69	64	60	56	52	49	45	42	39
9	100	94	88	82	77	72	68	63	59	55	51	47	44	40	37
8	100	94	88	82	76	71	66	62	57	53	49	46	42	39	35
7	100	93	87	81	76	70	65	60	56	52	48	44	40	37	33
6	100	93	87	81	75	69	64	59	54	50	46	42	38	34	31
5	100	93	86	80	74	68	63	57	53	48	44	40	36	32	29
4	100	93	86	79	73	67	61	56	51	46	42	37	33	30	26
3	100	92	85	78	72	65	60	54	49	44	39	35	31	27	23
2	100	92	84	77	70	64	58	52	47	42	37	33	28	24	21
1	100	91	83	76	69	62	56	50	44	39	34	30	25	21	17
0	100	91	83	75	67	61	54	48	42	37	31	27	22	18	14
−1	100	91	82	74	66	59	52	46	39	34	29	24	19	15	10
−2	100	90	81	72	64	57	50	43	37	31	25	20	15	11	7
−3	100	90	80	71	62	55	47	40	34	28	22	16	11	8	2
−4	100	89	79	70	61	52	45	37	30	24	18	13	7	7	0
−5	100	89	78	68	59	50	42	34	27	20	14	8	3	0	0

续表 3-1　空气相对湿度表

t'(℃) \ Δt	7.5	8.0	8.5	9.0	9.5	10.0	10.5	11.0	11.5	12.0	12.5	13.0	13.5	14.0	14.5	15.0
40	64	61	60	58	56	54	52	51	50	48	47	46	44	43	42	41
39	63	61	59	57	56	54	52	51	50	47	47	45	43	42	41	40
38	62	60	59	57	55	54	51	50	49	47	46	45	43	42	41	39
37	62	60	58	56	55	53	51	50	49	47	46	44	42	41	40	39
36	61	59	58	56	54	53	50	49	48	46	45	41	42	41	40	38
35	61	59	57	55	53	52	50	48	47	46	45	43	41	40	39	38
34	60	58	56	55	53	51	49	47	46	45	44	43	41	40	39	37
33	60	58	56	54	52	50	49	47	46	44	43	42	40	39	38	37
32	59	57	55	53	52	50	48	46	45	43	42	41	39	38	37	36
31	59	57	55	53	51	49	47	46	44	43	41	40	38	37	36	35
30	58	56	54	52	50	48	47	45	43	42	40	39	38	36	35	34
29	57	55	53	51	49	48	46	44	43	41	40	38	37	35	34	33
28	57	55	53	51	49	17	45	43	42	40	39	37	36	35	33	32
27	56	54	52	50	48	46	44	43	41	39	38	37	35	34	32	31
26	55	53	51	49	47	45	44	42	40	39	37	36	34	33	32	30
25	54	52	50	48	46	44	43	41	39	38	36	35	33	32	31	29
24	54	51	49	47	45	43	42	40	38	37	35	34	32	31	30	28
23	53	51	48	46	44	42	41	39	37	36	34	33	31	30	28	27
22	52	50	47	45	43	41	40	38	36	35	33	31	30	29	27	26
21	51	49	46	44	42	40	39	37	35	33	32	30	29	28	26	25
20	50	48	45	43	41	39	37	36	33	32	31	29	28	26	25	24
19	49	47	44	42	40	38	36	34	33	31	29	28	26	25	24	22
18	48	45	43	41	39	37	35	33	31	30	28	27	25	24	22	21
17	47	44	42	40	38	36	34	32	30	28	27	25	24	22	21	20

续表 3-1

t'(℃) \ Δt	7.5	8.0	8.5	9.0	9.5	10.0	10.5	11.0	11.5	12.0	12.5	13.0	13.5	14.0	14.5	15.0
16	45	43	41	38	36	34	32	30	29	27	25	24	22	21	19	18
15	44	42	39	37	35	33	31	29	27	25	24	22	21	19	18	16
14	43	40	38	35	33	31	29	27	25	24	22	20	19	17	16	15
13	41	39	36	34	32	29	27	25	24	22	20	19	17	16	14	13
12	40	37	35	32	30	28	26	24	22	20	19	17	15	14	12	11
11	38	35	33	30	28	26	24	22	20	18	16	15	13	12	10	9
10	36	33	31	28	26	24	22	20	18	16	14	13	11	10	8	7
9	34	32	29	26	24	22	20	18	16	14	12	10	9	7	6	5
8	32	29	27	24	22	19	17	15	13	11	10	8	6	5	4	2
7	30	27	24	22	19	17	15	13	11	9	7	6	4	3	1	0
6	28	25	22	19	17	15	12	10	8	6	5	3	1	0	0	0
5	25	22	19	17	14	12	10	7	5	3	2	0	0	0	0	0
4	23	20	17	14	11	9	7	4	2	0	0	0	0	0	0	0
3	20	17	14	11	8	6	3	1	0	0	0	0	0	0	0	0
2	17	14	11	8	5	2	0	0	0	0	0	0	0	0	0	0
1	14	10	7	4	1	0	0	0	0	0	0	0	0	0	0	0
0	10	7	4	1	0	0	0	0	0	0	0	0	0	0	0	0
−1	7	0	0	0	0	0	0	0	0	0	0	0	0	0	0	0
−2	3	0	0	0	0	0	0	0	0	0	0	0	0	0	0	0
−3	0	0	0	0	0	0	0	0	0	0	0	0	0	0	0	0
−4	0	0	0	0	0	0	0	0	0	0	0	0	0	0	0	0
−5	100	89	78	68	59	50	42	34	27	20	14	8	3	0	0	

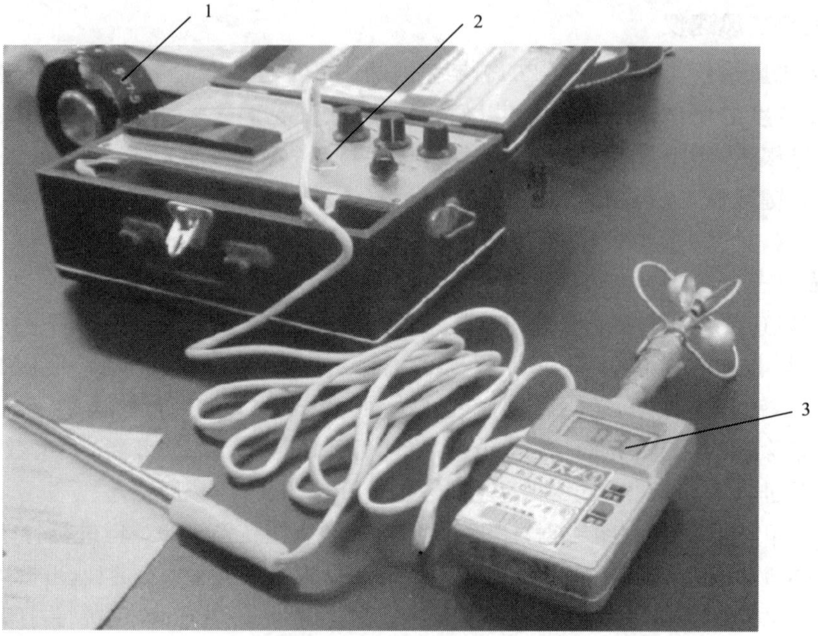

图 3-5　机械风速仪、热球风速仪和电子风速仪
1. 机械风速仪；2. 热球风速仪；3. 电子风速仪

4. 卡他度测定

卡他度是指由被加热 36.5℃时的卡他温度计的液球，在单位时间、单位面积上所散发的热量，单位为 cal/cm^2 · s。卡他度实际上就是用卡他计液球的散热强度来模拟人体的散热强度。

卡他温度计构造相对简单，是一根底部为一个大圆柱管的酒精温度计（图 3-6）。测定时，将卡他温度计放入 50～60℃热水容器中，使其酒精上升到顶端空间 1/3 处，取出晾干放在测点，再用秒表测其从 38℃降到 35℃的时间。计算公式：

$$H=F_1/t \qquad H_D=F/t$$

式中：H——卡他度（mcal/cm^2 · s）；

F_1——卡他度计常数，从仪器上读数；

t——由 38℃降至 35℃所经过的时间（s）；

H_D——干卡他度；

将干卡他度储液器包上纱布参照上面步骤，测得从 38℃降到 35℃的时间 t'，则

$$H'=F_2/t' \qquad H_D{}'=F_2/t'$$

式中：H'——卡他度（mcal/cm^2 · s）；

F_2——卡他度计常数，从仪器上读数；

t_2——由 38℃降至 35℃所经过的时间（s）；

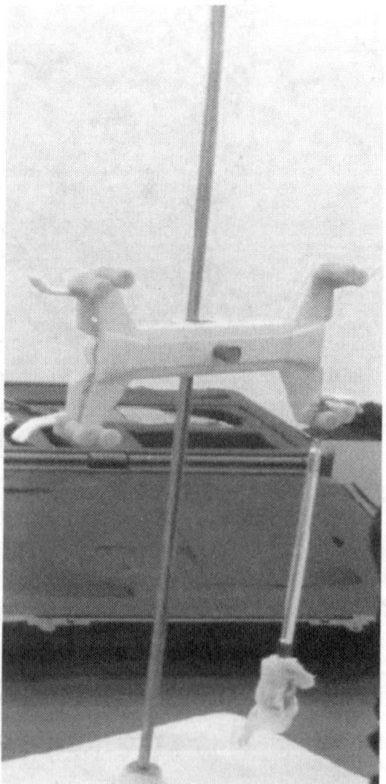

图 3-6　卡他度实验装置

H'_D——干卡他度。

5. 智能型热式风速仪

智能型热式风速仪是实验室于 2010 年引进的国外的先进仪器，它同时能对温度、风速、大气压力进行高精度的测试，体积较小可以便于携带，具体见图 3－7。其使用方法：

(1)选取好探头、插上探头，让与连接的管子保持平整(不弯曲)。

(2)按电源键开机，进行测试前的相关调试。

①清空数据，按＜clear ＋ mode＞键 4s 以上；

②调压强，按＜mode＞键切换到压强界面，若不为 0，按＜sp. zero＞键 4s 以上；

③调回测风速界面，其中按＜↓＞键是调风速量程，按＜↑＞健是调节平均采样时间。

(3)测定时，按＜sample＞键进行数据采集(系统默认的平均 2s 取一组数据，最多 100 组)。按＜calc＞键查看数据，若需看温度和压力，按＜mode＞键进行切换。

(4)数据删除，回到测量界面，按＜clear＞键大于 1s 删除最后(最新)一组数据；若需删除某一组数据，要进入查看数据，选中改组数据，按＜clear＞键 4s 以上。

(5)数据打印，打印最新一组数据，应调到测量界面，直接按＜print＞键进行打印；如果要打印出最大值(max)、最小值(min)、平均值(avg)，需按＜calc＞键进入查看数据界面，再按＜print＞键；若要打印所有数据，需按＜calc＞键进入查看数据界面，按＜↓＞＋＜print＞键进行打印。

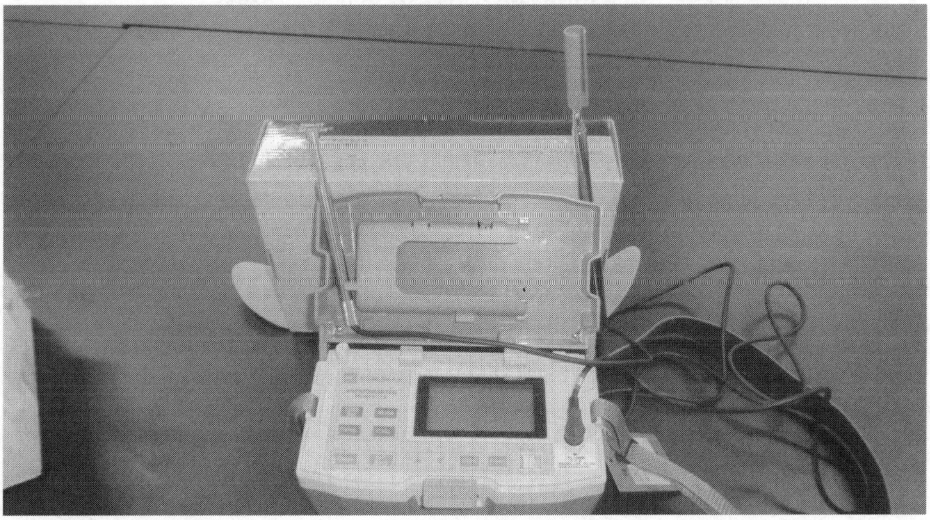

图 3－7　智能型热式风速仪

6. 9555 系列多参数通电表

9555 系列多参数通电表(图 3－8)与前面智能风速仪较为相似，能较为精确地测量出所需数据，同时体积较小利于便携。其具体使用方法如下：

(1)连接探头。

(2)按电源键开机，开机页面“standard”显示“CFM[流量单位，ft^3/min(立方英尺/分) 1CFM＝28.318 5L/min]、ft/min(英尺/分)、in. H_2O(大气压单位)、in. Hg”，左边空白键为

"Next、Test",中间为"Menu",右边为"Print"。

(3)测试前参数设定,按＜Menu＞键进入菜单:

①Zero Press　压力调零;

②Display Setup　显示安装(可进入选择在主页面显示的内容);

③Setting　设置;

④Flow Setup　流场设置;

⑤VOC Setup VOC 设置;

⑥Actual/std Setup　实际/标准设置;

⑦Data Logging(数据记录)。

其中在 Data Logging(数据记录)中有:Choose Test 选择测试组(Test1～Test10)、View Data(显示数据)、Delete Data(删除数据)、Log Setting(记录设置)。

在 View Data 中 Choose Test 选择测试组(Test1～Test10);View States 显示(平均值、最小值、最大值);View Samples(显示每个数据数值,按左右空白键调不同的测试项)。

在 Log Setting 记录设置,Log Interval　记录时间间断,一般设置为 5s。

(4)按回车键开始测试,每隔 5s 自动记录数据。

(5)进入菜单,查看数据,若有必要可连接电脑对数据进行实时记录。

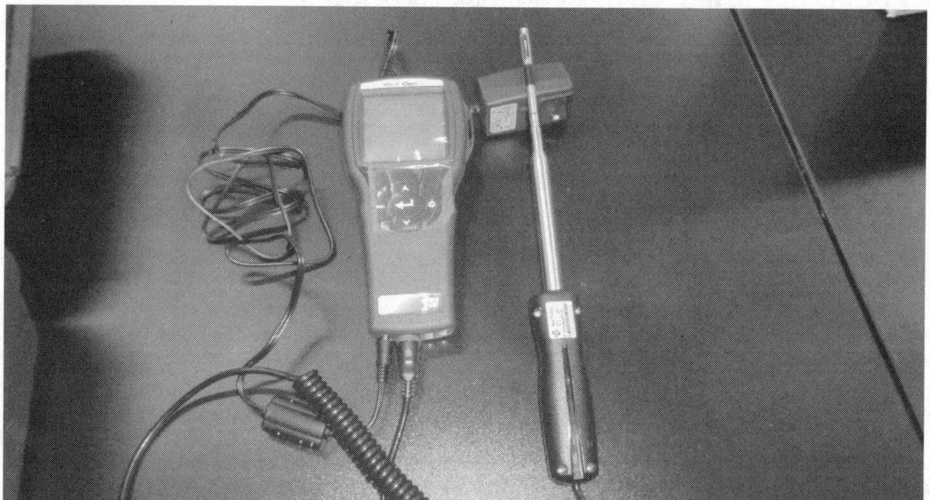

图 3-8　9555 系列多参数通电表

三、实验步骤

(1)用空盒气压计测大气压 P。

(2)分别用悬吊式温度计、吸风式温度计、手摇式温度计测定空气的相对湿度(分别记为 φ_1、φ_2、φ_3)。

(3)用械式风速表(v_1)、热球风速仪(v_2)、电子风速仪测出风速(v_3)。

(4)用卡他计测定卡他度(F_1、F_2)。

(5)按照智能型热式风速仪和9555系列多参数通电表的使用方法进行测量。

四、实验记录

1. 大气压

空盒气压计 $P=$________。

2. 空气相对湿度

悬吊式温度计 $\varphi_1=$__________；吸风式温度计 $\varphi_2=$__________；手摇式温度计 $\varphi_3=$__________。

3. 风速

械式风速表 $v_1=$__________；热球风速仪 $v_2=$__________；电子风速仪测出风速 $v_3=$__________。

4. 卡他度

未包湿纱布时 $H=$__________；包湿纱布时 $H'=$__________。

五、思考题

湿度测定时，如干湿温度差为零时，此时相对湿度是多少？

实验二 通风管道点压力测定

一、实验目的

掌握风管中点压测定方法，验证不同通风方式(压入式通风与抽出式通风)下，全压、动压、静压间的关系(即 $h_{全}=h_{动}+h_{静}$)。

二、实验仪器与原理

采用皮托管压差计法，整套实验装置如图 3-9 和图 3-10 所示。

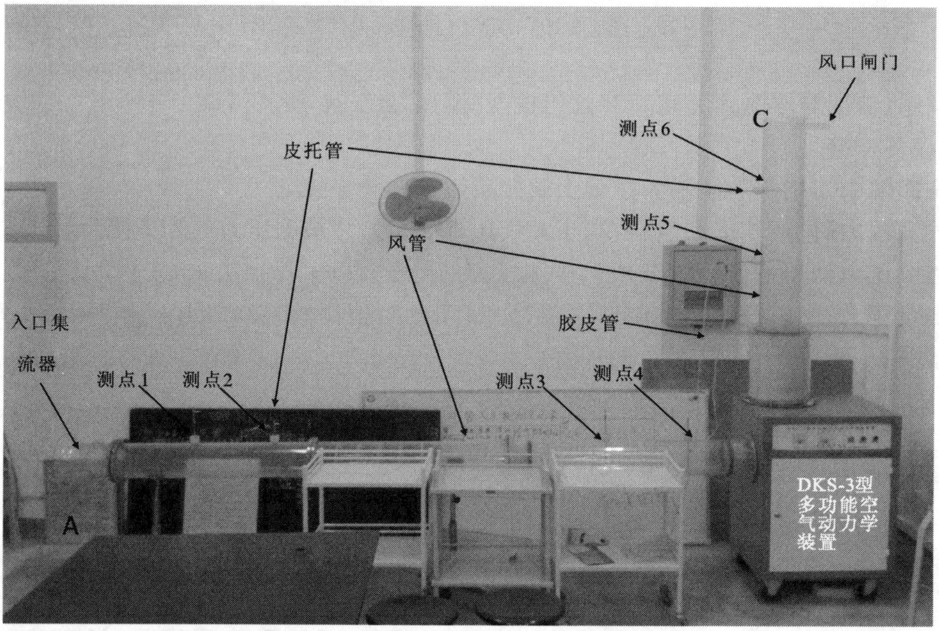

图 3-9 通风机管道点压测试系统

测试时要求：每组使用抽出段 AB(测点 1、2、3、4)和压入段 BC(测点 5、6)各一个。

将实验结果带入下式，计算误差 S，S 值一般不会超过±5%范围。

$$S=\frac{h_Q-h_D-h_J}{h_Q}\times 100\%$$

式中：h_Q——全压，水柱；

h_D——动压，水柱；

h_J——静压，水柱。

三、实验步骤

(1)将皮托管传压头置于风管中心点处，管头迎着风流方向。

(2)调节斜管压力计。Ⅰ阀门拨至“校准”处，①仪器调平；②选定倾斜系数；③旋动零位调

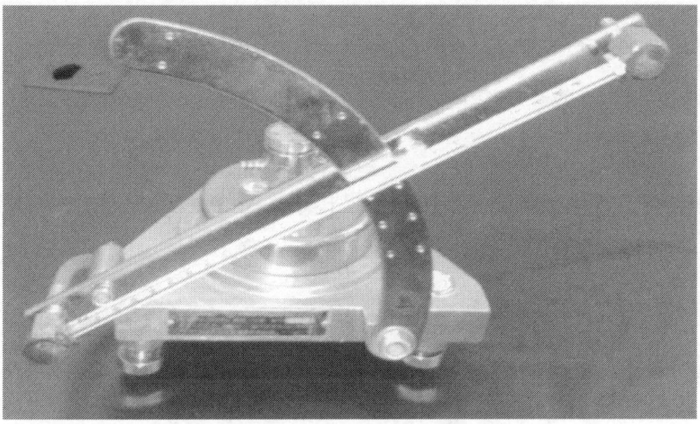

图 3-10　YYT(斜管压力计)

节旋钮调零(液面与零刻度相切);Ⅱ阀门拨至“测压”处。

(3)仪器连接:

①将阀门中间接头与倾斜测量管上端接头用橡皮管连接;

②被测压力(包括动压和全压)高于大气压(BC 段),将被测压力的管子接“+”压接头;

③被测压力低于大气压(AB 段),被测压力的管子接“—”压接头;

④测量压力差(即静压),被测压力的高压(用绝对值比较)接在阀门“+”压接头,低压接“—”压接头。

(4) DKS-3 型多功能空气动力学装置,读取相应数据。

四、实验记录

(1)将所得到的数据记录在表 3-2 中。

表 3-2　通风管道点压力测定数据

压力 / 测项 / 通风方式	全压			动压			静压			测点号码
	倾斜系数	读数(mm)	压力(mm)	倾斜系数	读数(mm)	压力(mm)	倾斜系数	读数(mm)	压力(mm)	
抽出式										
压入式										

(2)计算出误差 S。

抽入式:$S_1=$__________。

压入式:$S_2=$__________。

实验三　通风管道某断面流场系数及风量的测定

一、实验目的

(1)掌握管道中风量测定的基本方法。

(2)测定圆形风管断面的流场系数。

二、实验仪器与原理

本实验采用等面积圆环法测定流场系数，要求每组测定风管入风段测点 1 个。测定布置见图 3-11。

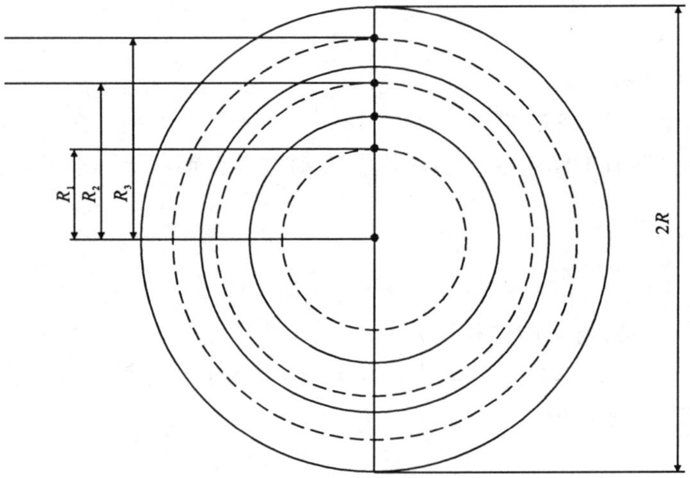

图 3-11　测定布置图

测点位置计算式为：

$$R_i = R\sqrt{\frac{2i-1}{2n}}$$

式中：R_i——第 i 个测点圆环半径，mm；

R——风管半径 93，mm；

i——从风管中心算起圆环序号；

n——等面积圆环数($n=3$)。

测定与风管轴向垂直的一组测定，为了计算流场系数，同时也要把中心点风速也应测出。

(1)测定大气压和实验室温度计算出空气密度 ρ(kg/m^3)：

$$\rho = 0.00346\,\frac{P}{T}$$

式中：P——实验条件下大气压力，Pa。

(2)点风速 v_i(m/s)的计算公式如下：

$$v_i = \sqrt{\frac{2h_{di}}{\rho}}$$

式中：h_{di}——测点动压，水柱，mm；

ρ——实验条件下空气密度，kg/m³。

(3)断面平均风速 v_p(m/s)，不包括中心点风速：

$$v_p = \frac{\sum_{i=1}^{6} v_i}{n}$$

式中：n——测点总数。

(4)流场系数 K_L：

$$K_L = \frac{v_p}{v_z}$$

式中：v_z——断面中心点风速，m/s。

(5)风量 Q(m³/s)：

$$Q = v_p \cdot S$$

式中：S——风筒断面积(0.027m²)。

本实验采用的仪器有 DKS－3 型多功能空气动力学装置，YYT(斜管压力计)1 台，皮托管 1 支，胶皮管 2 支。

三、实验步骤

(1)仪器调节与连接(与实验二相同)。

(2)将出口闸门关闭 2/3，进行各测点动压测定，各测定位置每次用尺量好(L_i)。

(3)测定大气压，温度数值。

四、实验记录

流场系数测定记录见表 3－3。

表 3－3 流场系数测定记录表

测点 项目	1	2	3	中心点	4	5	6
动压读数(mm)							
动压值(mm)							
风速 v (m/s)							

注：大气压 P=________，Pa；温度 T=________，K；仪器倾斜系数 Kp=________(见图 3－9)；
断面平均风速 v_p=________，m/s；流场系数 K_L=________；风量 Q=________，m³/s。

五、思考题

哪些误操作容易导致数据出现大的偏差？

实验四　通风管道λ系数测定

一、实验目的

通风管道λ系数(达西系数)测定,要求学生完成一种粗糙度下雷诺数,λ系数间的定量测定,验证稳流状态下,阻力系数不变。

二、实验仪器与原理

本实验要求作出雷诺数 R_e 与λ系数关系的一条曲线,测定摩擦阻力,计算对应的λ系数(整流格忽略不计),调节出口闸门开度,调节风量,改变雷诺数 R_e 的值。

(1)测定段摩擦阻力 h_m,水柱。

$$h_m=(p_1-p_3)+(\frac{v_1^2}{2g}r-\frac{v_3^2}{2g}r)+(Z_1r-Z_3r)$$

由于1、3两断面面积相等,平均动压相等,因此上式中第二项为零,又1、3两点处同一水平面,第三项也等于零;所以(p_1-p_3)实际上就等于 h_m。

(2)风管风量:由所测动压求算(见实验二)。

(3)计算摩擦风阻 R_m,$N\cdot s^2/m^3$:

$$R_m=h_m/Q^2$$

式中:h_m——测定段摩擦阻力,水柱;

Q——风管风量,m^3/s。

(4)摩擦阻力系数α:

$$\alpha=R_m\frac{S_3}{p\cdot l}$$

式中:α——风管摩擦阻力系数,$N\cdot s^2/m^4$;

R_m——风管摩擦风阻,$N\cdot s^2/m^3$;

p——风管周界(0.6m);

l——测定段风管长度(1m);

S_3——风管有效断面积($0.027m^2$)。

(5)达西系数λ:

$$\lambda=8\frac{1}{\rho}\alpha\text{(采矿专业)};\quad \lambda=\frac{2\cdot d}{\rho\cdot L}\cdot\frac{h_m}{v_p^2}\text{(工业通风专业)}$$

式中:λ——达西系数;

ρ——空气密度($1.293kg/m^3$);

α——管道摩阻系数,$N\cdot s^2/m^4$;

d——管道内径(180mm)。

(6)雷诺数 R_e:

$$R_e=v_p d/\gamma$$

式中:v_p——风管内平均风速,m/s;

d——风管内径(180mm);

γ——流体黏性运动系数,$15\times10^{-6}\,m^2/s$。

(7) 平均风速 v_p

$$v_p=Q/S$$

式中:v_p——风管内平均风速,m/s;

Q——风管风量,m^3/s;

S——风管有效断面积,$0.027m^2$。

三、实验步骤

(1)将仪器调平、调零。选择倾斜系数(YYT)。

(2)皮托管头与风管中线重合、全压孔朝向风流。

(3)用胶管连接仪器与皮托管。

(4)将出风口闸门全开(此时风量最大)。

(5)开动风机,读取测定段静压差及动压(曲线第一点数据)。

(6)将出风闸门调制第二位置,重复前项测定(曲线第二点数据)。

(7)依此类推,一条曲线测 6 个点(共 6 组静压差和动压数据)。

四、实验记录

实验记录填写在表 3-4 至表 3-6、图 3-12。

表 3-4 压力差表

测量面 / 实验次数	1 断面中心点静压读数	1 断面中心点静压	3 断面中心点静压读数	3 断面中心点静压	静压差 (p_1-p_3)
闸门全开					
关闭 1/6					
关闭 1/3					
关闭 1/2					
关闭 2/3					
关闭 5/6					
倾斜系数	$K_{p_1}=$		$K_{p_2}=$		

注:倾斜系数可参照实验三中的数据

表 3-5 动压表(2 断面)

测量点 / 实验次数	1	2	3	4	5	6
1						
2						
3						
4						
5						
6						
倾斜系数	$K_p=$					

表 3-6　系数表

实验次数	计算风量		摩擦阻力 h_m	摩擦风阻 R_m	摩阻系数 α	R_e	λ
	平均风速	风量					
1							
2							
3							
4							
5							
6							

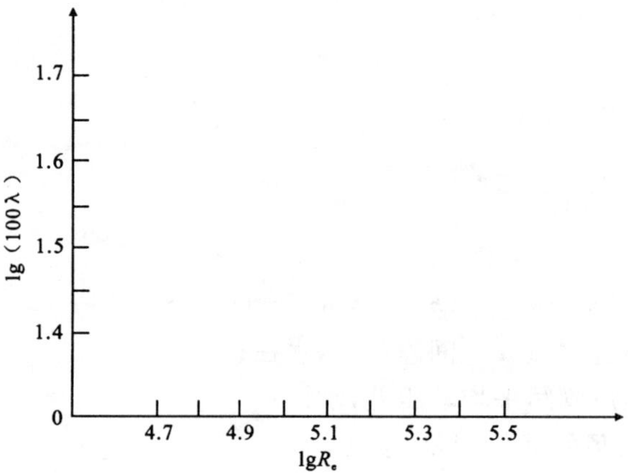

图 3-12　R_e - λ 曲线

实验五　风机特性测定

一、实验目的

本实验进行风量与风机全压、功率、效率关系的三条曲线的实际测定，使实验者掌握风机性能测定的原理、仪器、数据整理、计算方法及必要的组织工作。

二、实验仪器与原理

采用进出气实验方案(即风机入、出口都有管路)。按国家标准，本实验风量测定，使用入口集流器测定风量，用在入口整流网上贴纸片的方法调节风量(图纸片直径为60mm)。使用3、5测点，测定风机全压。

(1)风量计算：

$$Q=0.082\sqrt{h_g}$$

式中：Q——风量，m^3/s；

h_g——集流器静压，水柱。

(2)风机全压 H_Q：

$$H_Q=(p_5-p_3)+(h_{pd5}-h_{pd3})-r(z_5-z_3)$$

式中：p_5-p_3——入排风管测点3、5间静压差，水柱；

$h_{pd5}-h_{pd3}$——入排风管间平均动压差，水柱；

$r(z_5-z_3)$——入排风管间位能差，水柱。

实际上 p_5-p_3 即为风机全压 H_Q

(3)电机输入功率 N：

$$N=\sqrt{3}iV\cos\varphi$$

式中：N——电机输入功率，kW；

i——线电流，A；

V——线电压，kV；

$\cos\varphi$——功率因数(0.85)。

(4)风机效率 η：

$$\eta=\frac{Q\cdot H_Q}{N\cdot \eta_d}\times 100\%$$

式中：η——风机效率，%；

Q——风机风量，水柱

H_Q——风机全压，m^3/s；

N——电机输入功率，kW；

η_d——电机效率(0.9)，%。

三、实验步骤

(1)将3、5点皮托管穿压头置于风管中心，迎着风流方向，与风管中心线重合。

(2)仪器调平、调零。

(3)将出口闸门全开(此时风量最大)。

(4)开动风机测定集流器静压及3、5两断面静压差,并记录电流、电压表的读数(曲线第一点数据)。

(5)在入口整流网上贴纸片1片。重测上述数据(曲线第二点数据)。

(6)多次重复前项内容(曲线其余点数据)。

四、实验记录

实验记录填写在表3-7和图3-13中。

表3-7　风机性能测定数据

纸片张数	H_Q=静压差 H_Q(K_{p_3}=______ K_{p_5}=______)					风量(Q=______)			电流(A)	电压(kV)	输入功率(kW)	风机效率(%)
	3断面静压读数	3断面静压	5断面静压读数	5断面静压	静压差(p_5-p_3)	读数(mm)	h_g(mm)	风量(m^3/s)				
0												
1												
2												
3												
4												
5												

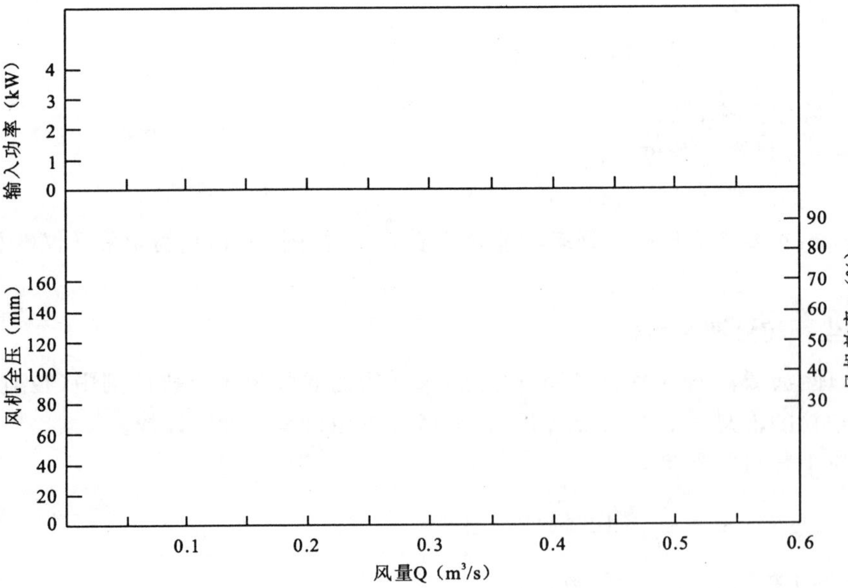

图3-13　风量-全压-效率曲线图

实验六　管道中空气粉尘浓度与粉尘颗粒分散度测定

一、实验目的

(1)掌握大气粉尘浓度的监测原理及方法。

(2)了解粉尘颗粒分散度测定。

二、实验仪器与原理

1. 管道中空气粉尘浓度测定

(1)原理:含尘气流通过滤膜,粉尘被滤膜截留,称取滤膜测定前后的质量变化,可以分析获得大气粉尘浓度。

计算粉尘浓度:

$$C=\frac{g_1-g_0}{Q\cdot t}\quad(\mathrm{mg/m^3})$$

式中:g_1——采样后滤膜加粉尘的质量,mg;

g_0——采样前滤膜的质量,mg;

Q——采样流量,L/min;

t——采样时间,min。

其中,流量计:20～30L/min;采样时间:3～5min。

旋风除尘器效率测定:按照实验方法同时在除尘器入、排风管取样,分别计算入、排风管内空气的含尘浓度。除尘器效率按照下式计算:

$$\eta=\frac{C_1-C_2}{C_1}\times100\%$$

式中:η——除尘效率,%;

C_1——入风粉尘浓度,mg/m^3;

C_2——排风粉尘浓度,mg/m^3。

(2)仪器:主要有DFS-3型多功能防尘实验装置(图3-14)、粉尘采样仪(图3-15)、电子天平(图3-16)等。

2. 粉尘颗粒分散度测定

(1)原理:滤膜溶解涂片显微镜计数法,采样后的滤膜溶于有机溶剂中(在血球计数器中)形成粉尘颗粒的混悬液。制成涂片后,在显微镜下用目镜按级别计数。

计算粉尘数量与散度:

$$X_i=\frac{N_i}{N}\times100\%$$

式中:N——计数的总粉尘颗粒数;

N_i——各级粉尘颗粒数。

X_1、X_2、X_3、X_4——为一、二、三、四级粉尘各占的百分数。

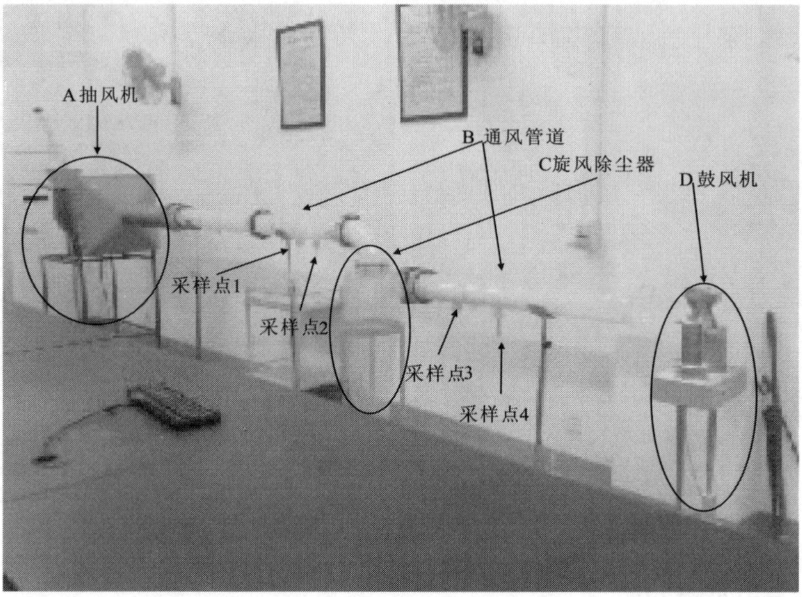

图 3-14　DFS-3 型多功能防尘实验装置

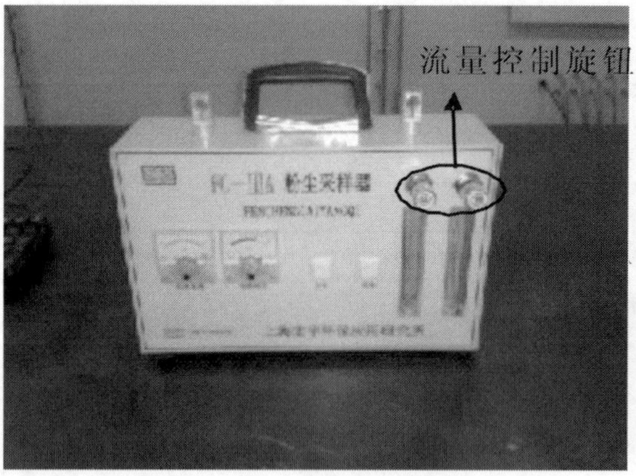

图 3-15　粉尘采样仪

图 3-16　电子天平

(2)仪器：

主要有生物显微镜(图 3-17)、血球计数器(图 3-18)。

三、实验步骤

1. 管道中空气粉尘浓度测定

(1)滤膜干燥(在烘箱烘干，再置于干燥器皿中，此步由实验室准备)。

(2)滤膜称重 g_0。

(3)采样。

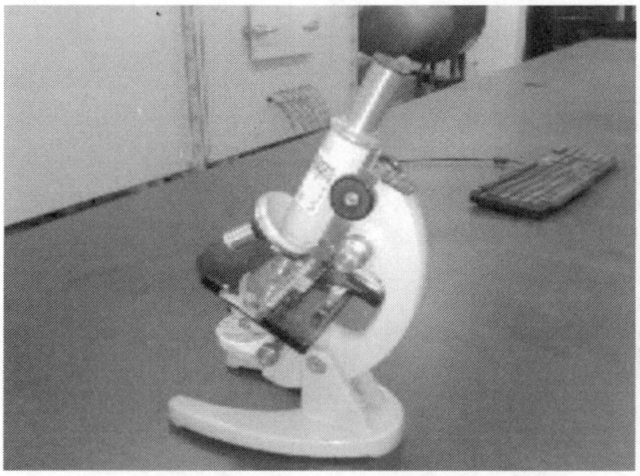

图 3-17　生物显微镜

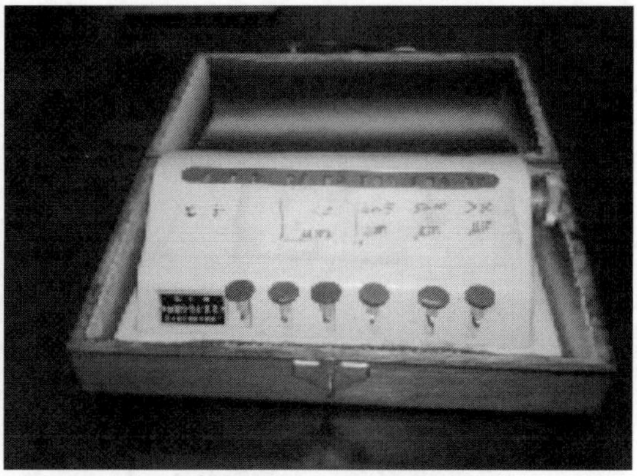

图 3-18　血球计数器

(4)采样后滤膜干燥(主要学习实验方法,此环节省略)。

(5)采样后称重 g_1。

2. 粉尘颗粒分散度测定

(1)玻璃涂片制作。

(2)显微镜目镜微 R 的标定(表 3-8)。

表 3-8　显微镜目镜微 R 的标定

级别	1	2	3	4
粒径	<2	2～5	5～10	>10
粒数				

注：1 进口显微镜　10×1.2×45 倍，　十字目镜微 R 每小格为 1μm；
2 进口显微镜　10×1.2×45 倍，　一字目镜微 R 每小格为 2μm；
3 国产显微镜　10×40 倍，　一字目镜微 R 每小格为 3.5μm。

(3)观察计数将玻璃涂片置显微镜目镜下方,按表 3-8 中所示的级别计数。

(4)计算粉尘数量与散度。

四、实验结果(表 3-9 至表 3-11)

表 3-9　管道中空气粉尘浓度测定

类型	初重(mg)	末重(mg)	增重(mg)	流量(L/min)	时间(min)	采样体积(m^3)	含尘浓度(mg/m^3)
C_1							
C_2							

表 3-10　粉尘颗粒分散度测定

级别	1	2	3	4
粒径	<2	2～5	5～10	>10
粒数				

表 3-11　计算粉尘数量与散度

级别	1	2	3	4
所占百分数				

五、思考题

实验中可能造成测量误差的因素有哪些？

实验七　使用通风机性能测试系统测试风机性能

一、实验目的

通过此次实验，要达到以下目的：①对通风机性能测试系统的主要结构及工作流程有直观的认识；②掌握用测试系统测量风机压力、流量、转速和功率等主要参数的方法和步骤；③观察系统绘制的性能曲线，找到风机的最佳工况。

二、实验仪器与原理

测试系统主体结构简图如图 3－19 所示。

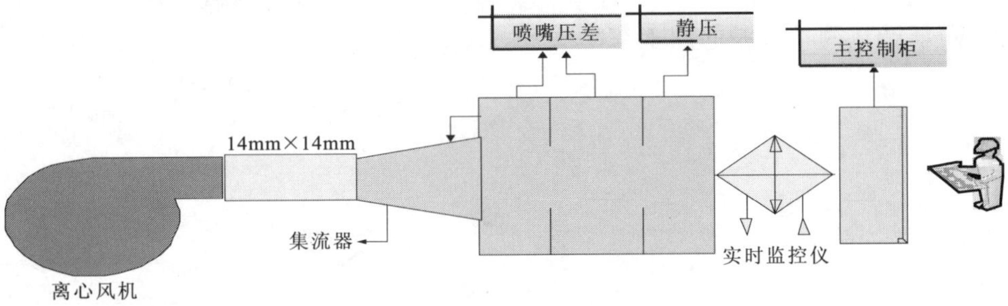

图 3－19　测试系统主体结构简图

测试系统主体结构实物图如图 3－20 所示。

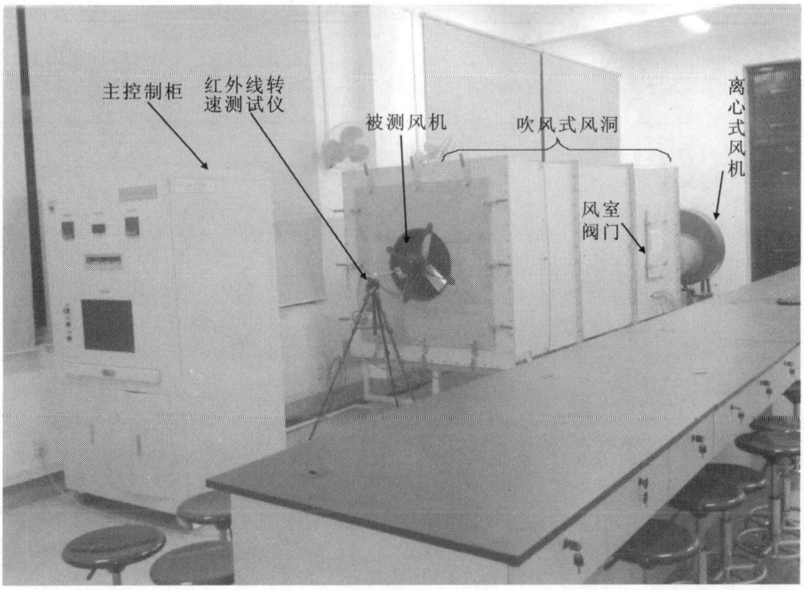

图 3－20　测试系统主体结构实物图

主要硬件结构包括以下几方面。

(1)吹风式风洞:①风量测定室由整流网、喷嘴、气缸组成;②辅助风机由风机、电机、变频器组成。

(2)控制柜:主要包括开关、指示灯、数显表、急停开关、变频器、故障报警等。

测试系统的工作流程如图 3-21 所示。

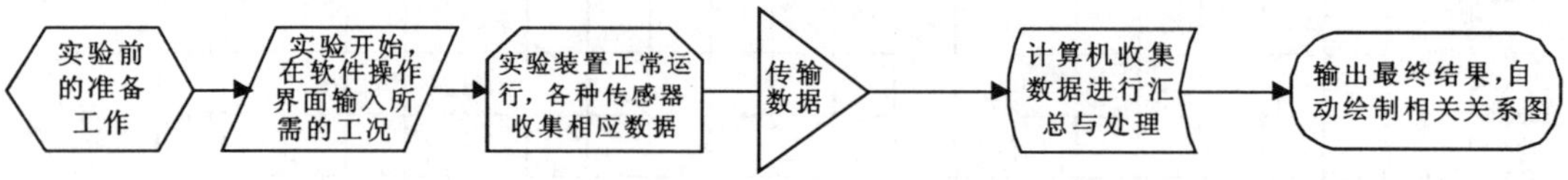

图 3-21　测试系统的工作流程

三、实验步骤

开启相关开关,启动计算机。系统有两种模式 4 种测试方法可供选择,即自动(包括定静压自动和定风量自动)和手动(包括定静压手动和定风量手动)。双击电脑桌面 Autolab 图标登录系统,进入"自动调零界面",点击"调零"按钮,当静压、压差都变为"0"时点击"跳过"按钮,进入 NewWindow 界面,点击"新建"菜单,选择测试方法。

以"定静压自动"为例:①选择"定静压自动";②设定工况,根据测试组数勾选工况数,并输入预定静压值;③工况设定好后点击菜单栏"开始",系统便自动采集相关参数;④观察系统自动绘制的性能曲线图;⑤退出系统。

四、实验结果

当所设定的工况都测试完后,系统会自动记录相关的实验参数,如表 3-12 所示,请实验者手动记录在表 3-12 中。

表 3-12　实验参数记录表

工况	大气压力(100Pa)	温度(℃)	相对湿度(%)	静压(Pa)	差压(Pa)	转速(rpm)	电压(V)	电流(A)	频率(Hz)	功率因数(—)	有效功率(W)	空气密度(kg/m^3)	实际风量(m^3/h)	标准风量(m^3/h)	静压效率(%)
1															
2															
3															
…															

根据测得的参数,系统会自动绘制实际风量与转速、静压、有功功率、静压效率之间的曲线图,如图 3-22 所示。

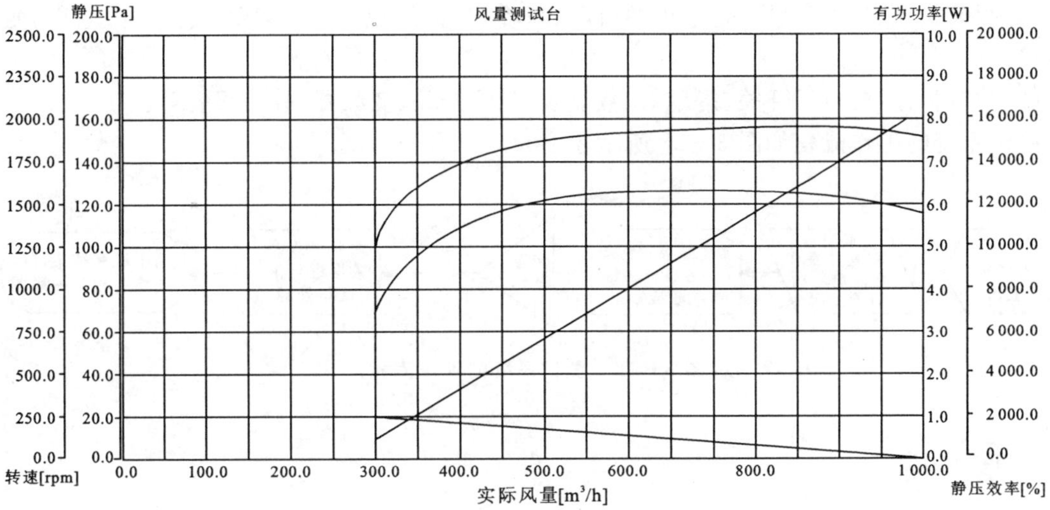

图 3－22　风机性能测试系统自动绘制实际风量与转速、静压、有功功率、静压效率之间的曲线图

五、注意事项

(1)实验开始前先打开辅助风机处的窗户,以免损坏玻璃。

(2)空气压缩机的压力维持在 3.5～4.5kg 之间就足以保证实验顺利进行,如图 3－23 所示。

(3)风室的阀门在做实验时必须关闭,以免头发或其他物品被吸入造成危险。

图 3－23　空气压缩机

第四章　火灾爆炸实验

实验一　液体开口闪点与燃点测定

一、实验目的

学会使用开口闪点测定仪测量液体的闪点和燃点。

二、实验仪器与原理

可燃液体挥发的蒸汽与空气混合达到一定浓度遇明火发生一闪即逝的燃烧，或者将可燃固体加热到一定温度后，遇明火会发生一闪即燃的闪燃现象，叫闪燃。发生闪燃时的固体最低温度称为闪点。闪点就是可燃液体或固体能放出足量的蒸汽并在所用容器内的液体或固体表面处与空气组成可燃混合物的最低温度。可燃液体的闪点随其浓度的变化而变化。随着温度的升高，燃油表面上蒸发的油气增多，当油气与空气的混合物达到一定的浓度，以明火与之接触时，会发生短暂的闪光(一闪即灭)，这时的油温称为闪点。当油面上油气与空气的混合物浓度增大时，遇到明火可形成连续燃烧(持续时间不小于 5s 的最低温度称为燃点。燃点高于闪点。从防火角度考虑，希望油的闪点、燃点高些，两者的差值大些。而从燃烧角度考虑，则希望闪点、燃点低些，两者的差值也尽量小些。

闪点是表征易燃可燃液体火灾危险性的一项重要参数，在消防工作中有着重要意义：闪点是可燃液体生产、储存场所火灾危险性分类的重要依据，是甲、乙、丙类危险液体分类的依据。可燃液体生产、储存厂房和库房的耐火等级、层数、占地面积、安全疏散、防火间距、防爆设施等的确定和选择要根据闪点来确定；液体储罐、堆场的布置、防火间距，可燃和易燃气体储罐的布置、防火间距，液化石油气储罐的布置、防火间距等也要以闪点为依据。此外闪点还是选择灭火剂和确定灭火强度的依据。根据消防工程设计及应用，根据闪点的不同将可燃液体分为三大种类。即：甲类液体闪点＜28℃的液体如原油、汽油等；乙类液体闪点≥28℃但＜60℃的液体如喷气燃料、灯用煤油；丙类液体闪点＞60℃以上的液体如重油、柴油、润滑油。

用规定的开口闪点测定器所测得的结果叫做开口闪点，以℃表示。使用开口闪点测定仪测定规定液体(煤油和柴油)的开口杯法闪点(或测火焰点)和开口杯法燃点。

开口闪点测定原理是把试样装入试验杯中到规定的刻度线。首先升高试样的温度，然后缓慢升温，当接近闪点时，恒速升温。在规定的温度间隔，以一个小的试验火焰横着通过试杯，用试验火焰使液体表面上的蒸汽发生点火的最低温度作为开口闪点的测定结果。

本实验使用 KS100 型全自动开口闪点测定仪对煤油和柴油(或其他品种)的闪点(或测火焰点)与燃点进行测定。

该仪器为全自动装置。仪器结构见图 4－1。

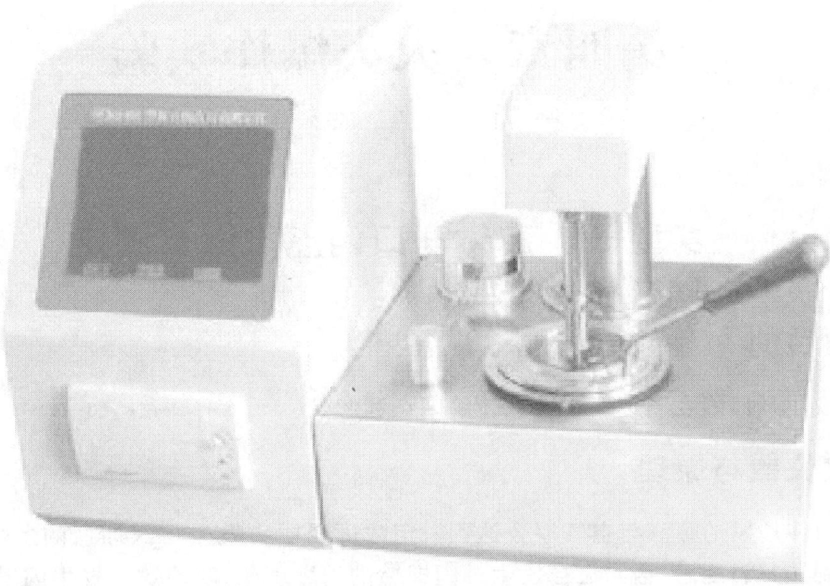

图 4－1　KS100 型全自动开口闪点测定仪

KS100 型全自动开口闪点、燃点测定仪可分别依据 GB/T 267—88;GB/T 3536—2008,GB/T 1671—2008,ASTMD92 标准生产,是测定石油产品开口闪点的新型仪器。本仪器能实现一机多炉功能,采用模块化设计,一台主机可同时控制多个测试炉,可同时或分时测试不同的样品;自动点火装置,安全,方便。

该仪器在国家标准规定的条件下,把试样装入试验杯,对装有试验油的试验杯加热,产生的石油蒸汽与周围空气形成的混合气体在与火焰接触发生闪火时的最低温度作为闪点。数字信号处理器根据所采集的温度变化情况,控制加热器,使试油温度按一定速率上升;点火时间、闪火检测、实现自动控制;当闪火被测出时,系统停止数据采集,显示闪火温度并打印记录结果,停止加热。

三、实验步骤

(1)打开电源开关,屏幕显示欢迎画面(图 4－2)。

(2)按<设置>键,进入参数设置功能画面(图 4－3)。

用手指触摸要修改的项目;按<▲>、<▼>键,调整选中的数字;调整完毕后按下<保存>键,将当前的调整数值写入仪器;按<退出>键返回欢迎画面。

更改炉号,方法如下:用手指触摸炉号后面的数字,用<▲>、<▼>键,调整选中的数字;修改完后,按<保存>键即可,炉号下面有设置成功与否的信息提示。特别注意:保证在只挂接一个炉子的情况下更改。

(3)按<记录>键,进入历史记录功能画面(图 4－4)。

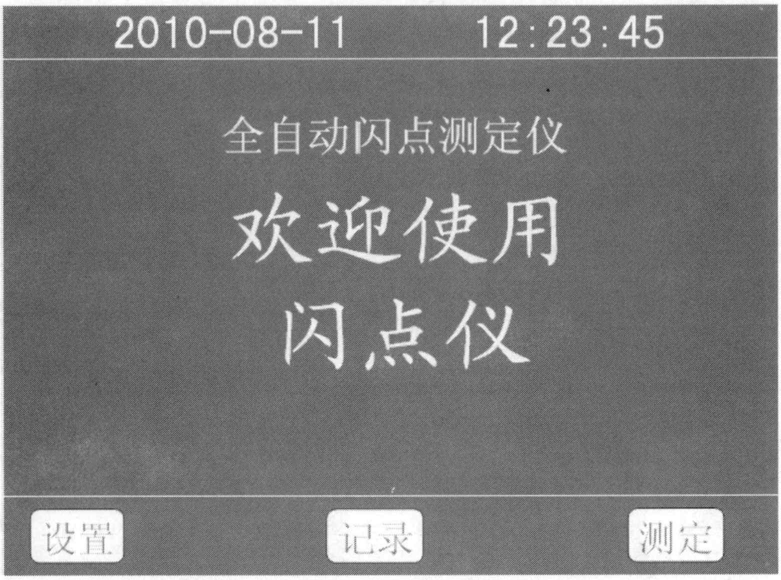

图 4-2　仪器欢迎界面

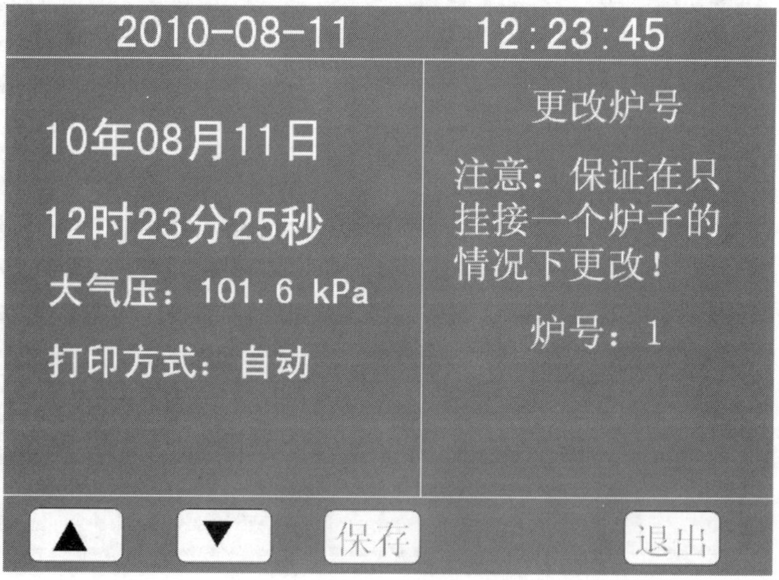

图 4-3　仪器参数设置功能画面

按＜前页＞、＜后页＞键顺序查看记录；按＜打印＞键将该记录通过仪器的微型打印机打印出来；按＜删除＞键从仪器历史记录中删除该条记录；按＜退出＞键返回欢迎画面。

(4)按＜测定＞键，进入样品测定功能画面(图 4-5)。

①用手指触摸“1 号炉”、“2 号炉”、“3 号炉”选择要操作的炉号。

图 4-4　仪器历史记录功能画面

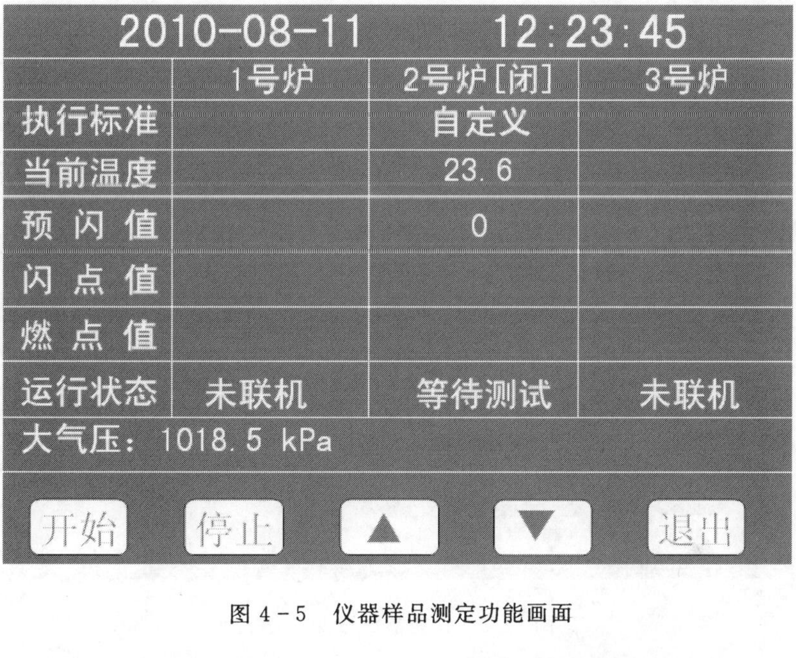

图 4-5　仪器样品测定功能画面

②用手指触摸炉号下面的“执行标准”、“预闪值”对应的参数，选中后用＜▲＞、＜▼＞键，调整选中的数字或文字；当选择“执行标准”参数后，按＜▲＞、＜▼＞键选择执行标准，当执行标准为“自定义”时，这时按两次“自定义”进入自定义参数设置画面(图 4-6)。

这时，用手指触摸选中要修改的项目，按＜▲＞、＜▼＞键，调整选中的数字；调整完毕后按下＜保存＞键，将当前的调整数值写入仪器；按＜退出＞键返回样品测定功能画面。

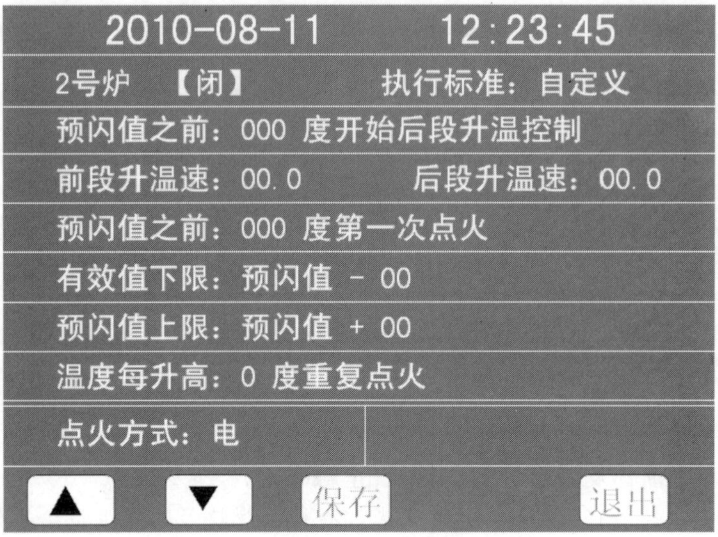

图 4-6　仪器自定义参数设置画面

③按＜开始＞键对应测试炉，启动测试。按＜停止＞键，对应测试炉退出测试状态，并启动冷却风扇。

④按＜▲＞键对应测试炉，抬升炉臂；按＜停止＞键，对应测试炉停止上升炉臂，并停止冷却风扇。

⑤按＜▼＞键对应测试炉，降低炉臂。按＜停止＞键，对应测试炉停止降低炉臂，并停止冷却风扇。

⑥按＜退出＞键仪器退出测试状态，所有的测试炉停止任何动作返回到欢迎画面。

(5)按照选择的标准所要求的测试过程，并做大气压修正，记录测试结果，并启动冷却风扇。测试结果如图 4-7 所示。

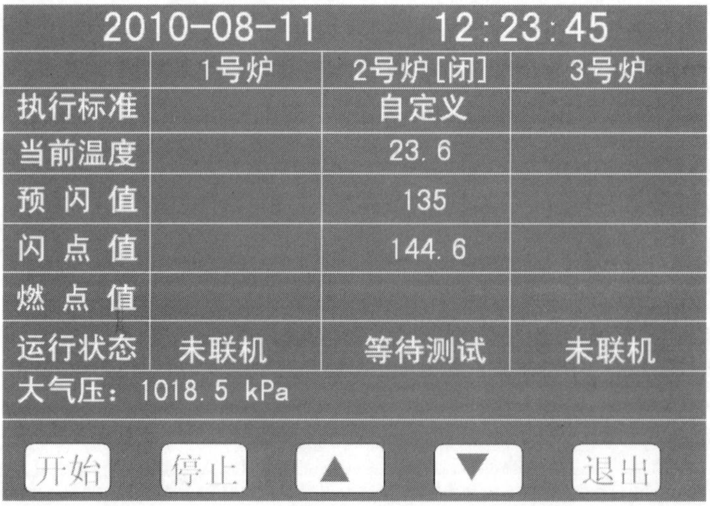

图 4-7　仪器测试结果显示画面

四、实验记录

实验记录填写在下方。

五、注意事项

(1)使用带可靠接地的电源插座为仪器供电。

(2)测试过程中油杯及其附近有高热，禁止触碰。

(3)测试过程中必须有人值守，测试完毕如有样品燃烧及时用油杯盖盖住油杯。

(4)禁止用手扳动点火划扫杆，否则将造成仪器永久损坏。

六、思考题

列举 1～2 种其他测定闪点的方法。

实验二　液体闭口闪点测定

一、实验目的

了解并掌握闭口闪点测定仪的构造、工作原理和使用方法。

二、实验仪器及原理

可燃液体挥发的蒸汽与空气混合达到一定浓度遇明火发生一闪即逝的燃烧，或者将可燃固体加热到一定温度后，遇明火会发生一闪即燃的闪燃现象，叫闪燃。发生闪燃时的固体最低温度称为闪点。闪点就是可燃液体或固体能放出足量的蒸汽并在所用容器内的液体或固体表面处与空气组成可燃混合物的最低温度。可燃液体的闪点随其浓度的变化而变化。随着温度的升高，燃油表面上蒸发的油气增多，当油气与空气的混合物达到一定的浓度，以明火与之接触时，会发生短暂的闪光(一闪即灭)，这时的油温称为闪点。当油面上油气与空气的混合物浓度增大时，遇到明火可形成连续燃烧(持续时间不小于 5s 的最低温度称为燃点。燃点高于闪点。从防火角度考虑，希望油的闪点、燃点高些，两者的差值大些。而从燃烧角度考虑，则希望闪点、燃点低些，两者的差值也尽量小些。

闪点是表征易燃可燃液体火灾危险性的一项重要参数，在消防工作中有着重要意义：闪点是可燃液体生产、储存场所火灾危险性分类的重要依据，是甲、乙、丙类危险液体分类的依据。可燃液体生产、储存厂房和库房的耐火等级、层数、占地面积、安全疏散、防火间距、防爆设施等的确定和选择要根据闪点来确定；液体储罐、堆场的布置、防火间距，可燃和易燃气体储罐的布置、防火间距，液化石油气储罐的布置、防火间距等也要以闪点为依据。此外闪点还是选择灭火剂和确定灭火强度的依据。根据消防工程设计及应用，根据闪点的不同将可燃液体分为三大种类。即：甲类液体闪点＜28℃的液体如原油、汽油等；乙类液体闪点≥28℃但＜60℃的液体如喷气燃料、灯用煤油；丙类液体闪点＞60℃以上的液体如重油、柴油、润滑油。

用规定的闭口闪点测定器所测得的结果叫做闭口闪点，以℃表示。实验所需仪器有 SY3205 型闭口闪点测定仪、煤气、煤气罐系统、煤油、柴油、火柴。

闭口闪点的测定原理是把试样装入油杯中到环状标记处，把试样在连续搅拌下用很慢的、恒定的速度加热，在规定的温度间隔，同时中断搅拌的情况下，将一小火焰引入杯中，试验火焰引起试样上的蒸汽闪火时的最低温度作为闭口闪点。

本实验使用 BS100 型全自动闭口闪点测定仪对煤油和柴油(或其他品种)的闪点(或测火焰点)与燃点进行测定。

该仪器为全自动装置。仪器结构见图 4－8。

BS100 型全自动闭口闪点、燃点测定仪可分别依据 GB/T 261—2008；ISO 2719、ASTMD 93(A、B 两种试验方法)、IP34、JIS 2265 标准生产，是测定石油产品开口闪点的新型仪器。本仪器能实现一机多炉功能，采用模块化设计，一台主机可同时控制多个测试炉，可同时或分时测试不同的样品；自动点火装置，安全，方便。

该仪器在国家标准规定的条件下，把试样装入试验杯，对装有试验油的试验杯加热，产生的石油蒸汽与周围空气形成的混合气体在与火焰接触发生闪火时的最低温度作为闪点。数字

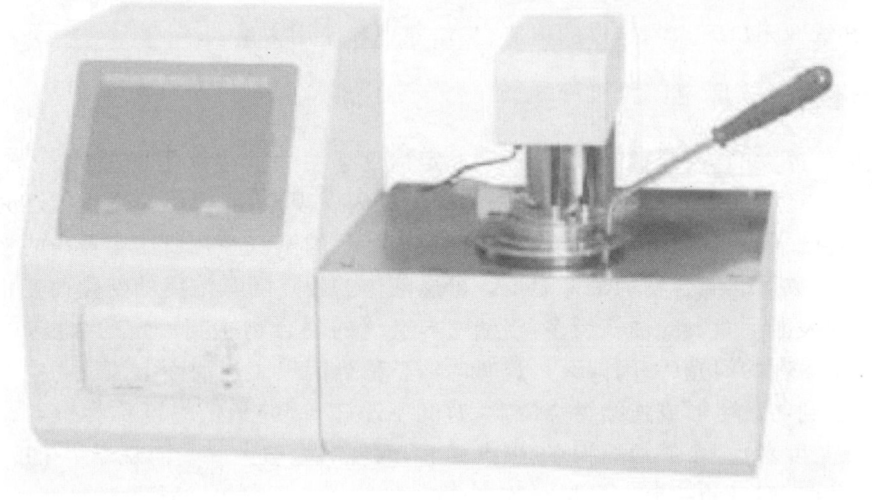

图 4－8　BS100 型全自动闭口闪点测定仪

信号处理器根据所采集的温度变化情况，控制加热器，使试油温度按一定速率上升；点火时间、闪火检测、实现自动控制；当闪火被测出时，系统停止数据采集，显示闪火温度并打印记录结果，停止加热。

三、实验步骤

(1)打开电源开关，屏幕显示欢迎画面(见图 4－9)。

(2)按＜设置＞键，进入参数设置功能画面(见图 4－10)。

用手指触摸要修改的项目；按＜▲＞、＜▼＞键，调整选中的数字；调整完毕后按下＜保存＞键，将当前的调整数值写入仪器；按＜退出＞键返回欢迎画面。

更改炉号，方法如下：用手指触摸炉号后面的数字，用＜▲＞、＜▼＞键，调整选中的数字；修改完后，按＜保存＞键即可，炉号下面有设置成功与否的信息提示。特别注意：保证在只挂接一个炉子的情况下更改。

(3)按＜记录＞键，进入历史记录功能画面(图 4－11)。

按＜前页＞、＜后页＞键顺序查看记录；按＜打印＞键将该记录通过仪器的微型打印机打印出来；按＜删除＞键从仪器历史记录中删除该条记录；按＜退出＞键返回欢迎画面。

(4)按＜测定＞键，进入样品测定功能画面(图 4－12)。

①用手指触摸“1 号炉”、“2 号炉”、“3 号炉”选择要操作的炉号。

②用手指触摸炉号下面的“执行标准”、“预闪值”对应的参数，选中后用＜▲＞、＜▼＞键，调整选中的数字或文字；当选择“执行标准”参数后，按＜▲＞、＜▼＞键选择执行标准，当执行

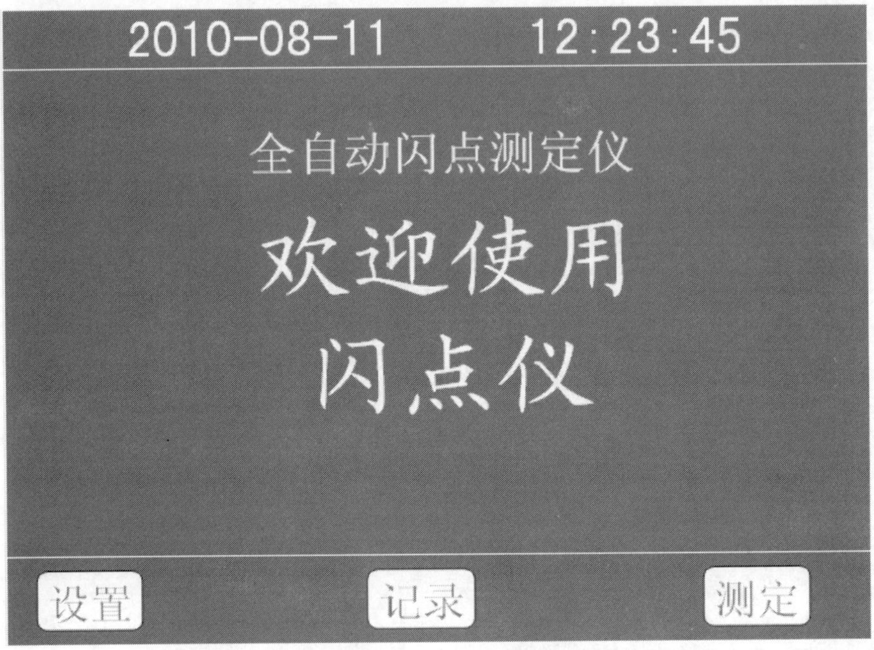

图 4-9　仪器欢迎界面

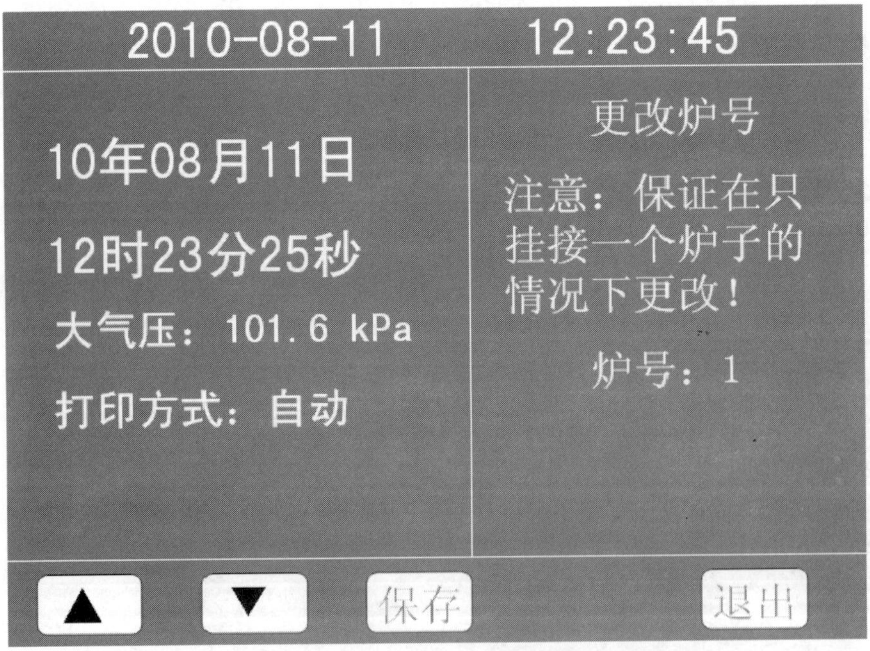

图 4-10　仪器参数设置功能画面

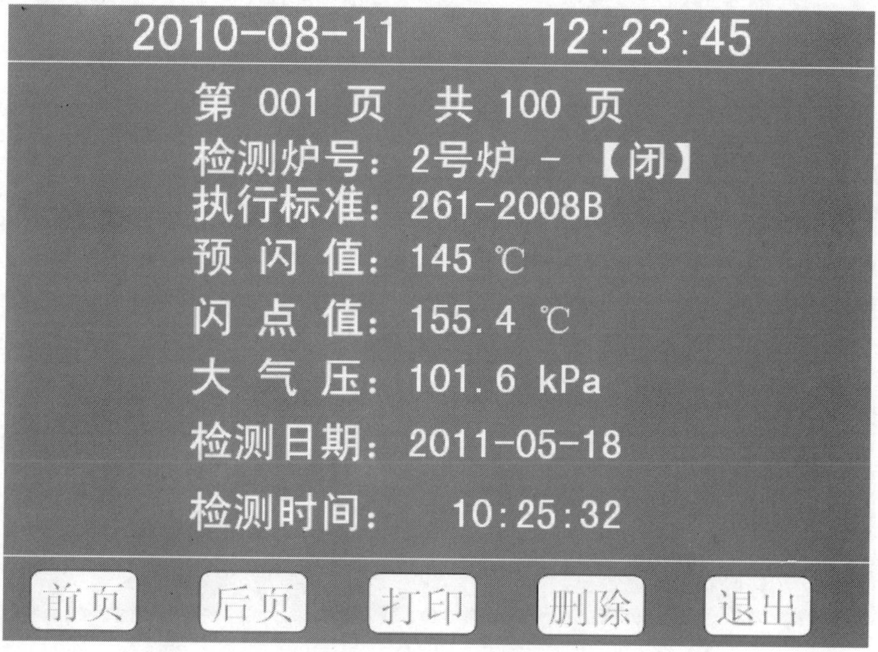

图 4-11　仪器历史记录功能画面

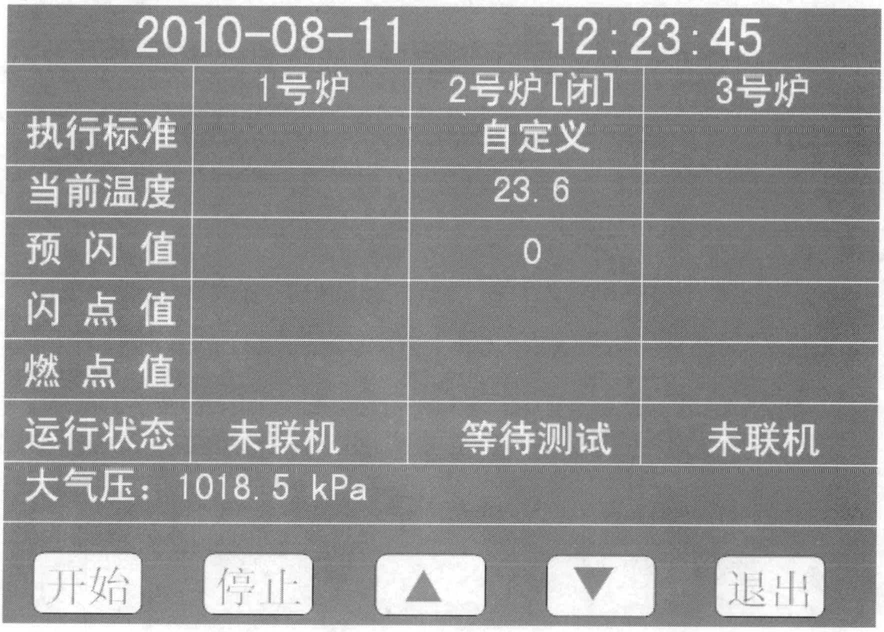

图 4-12　仪器样品测定功能画面

标准为“自定义”时，这时按两次“自定义”进入自定义参数设置画面(图 4－13)。仪器测试结果显示画面见图 4－14。

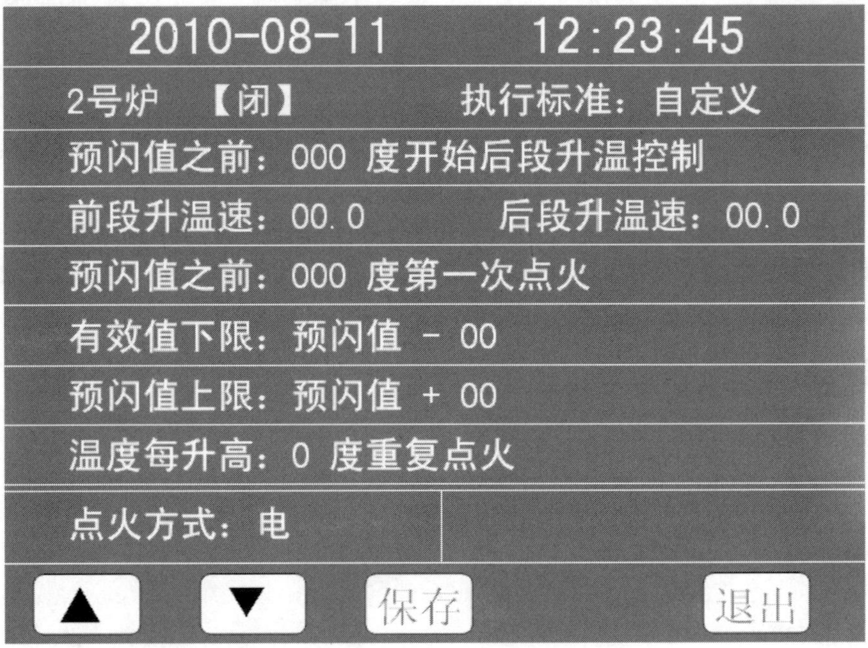

图 4－13　仪器自定义参数设置画面

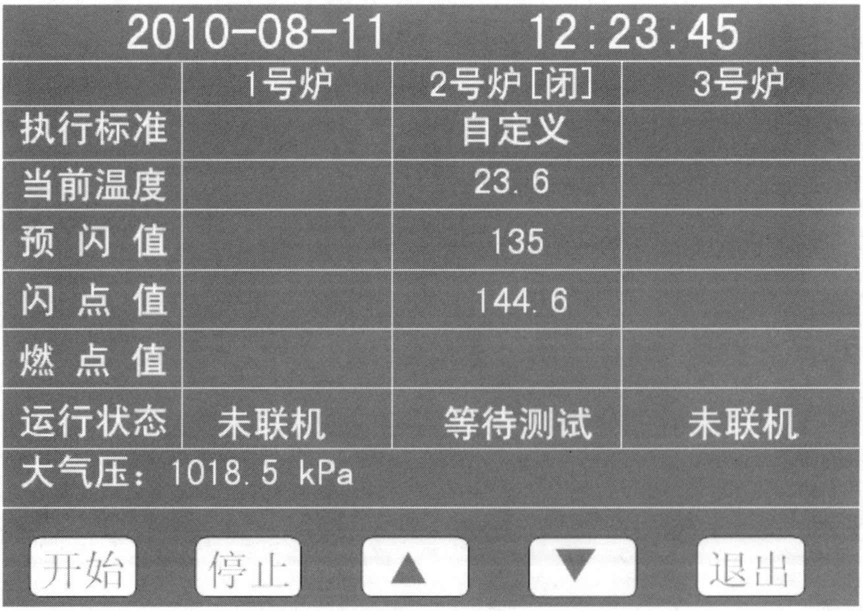

图 4－14　仪器测试结果显示画面

这时，用手指触摸选中要修改的项目，按＜▲＞、＜▼＞键，调整选中的数字；调整完毕后按下“保存”键，将当前的调整数值写入仪器；按“退出”键返回样品测定功能画面。

③按“开始”键对应测试炉，启动测试。按＜停止＞键，对应测试炉退出测试状态，并启动冷却风扇。

④按＜▲＞键对应测试炉，抬升炉臂；按＜停止＞键，对应测试炉停止上升炉臂，并停止冷却风扇。

⑤按＜▼＞键对应测试炉，降低炉臂。按＜停止＞键，对应测试炉停止降低炉臂，并停止冷却风扇。

⑥按＜退出＞键仪器退出测试状态，所有的测试炉停止任何动作返回到欢迎画面。

(5)按照选择的标准所要求的测试过程，并做大气压修正，记录测试结果，并启动冷却风扇。测试结果如图 4－7 所示。

四、实验记录

实验记录填写在下方。

五、注意事项

1. 使用带可靠接地的电源插座为仪器供电。
2. 测试过程中油杯及其附近有高热，禁止触碰。
3. 测试过程中必须有人值守，测试完毕如有样品燃烧及时用油杯盖盖住油杯。
4. 禁止用手扳动点火划扫杆，否则将造成仪器永久损坏。

实验三　激光粒度分析实验报告

一、实验目的

(1)了解粒度测试的基本知识和基本方法。

(2)了解激光粒度分析的基本原理和特点。

(3)掌握用激光粒度分布仪测定粒度和粒度分布的方法。

二、实验仪器与原理

本实验采用 BT - 2002 激光粒度分布仪(图 4 - 15),可测量水煤浆、煤粉、河流泥沙、火药等较粗的粉体,也可用于各种金属粉和非金属粉的生产、应用与研究领域,如碳酸钙、铝粉等。

BT—2002 激光粒度分布仪是采用米氏散射原理进行力度分布测量的。当一束平行的单色光照射到颗粒上时,在傅氏透镜的焦平面上形成颗粒的散射光谱,这种散射光谱不随颗粒运动而改变,通过米氏散射理论分析这些散射光谱就可得出颗粒的粒度分布。假设颗粒为球形且粒径相同,则散射光能按艾理圆分布,即在透镜的焦平面形成一系列同心圆光环,光环的直径与产生散射的颗粒粒径分布相关,粒径越小,散射角越大,圆环直径就越大;粒径越大,散射角就越小,圆环的直径就越小。

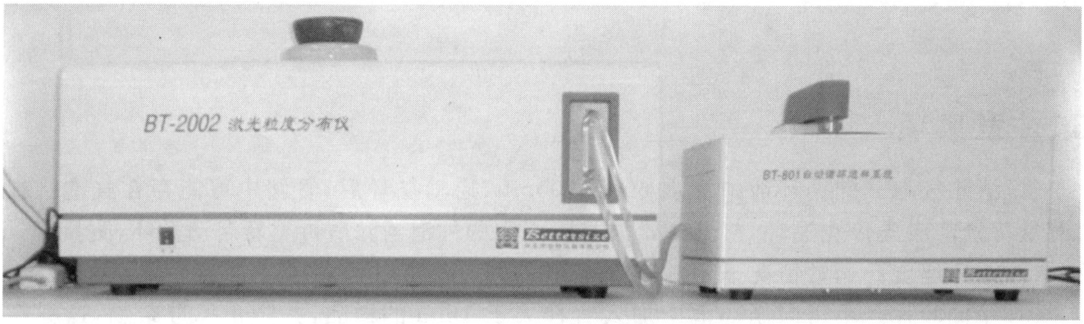

图 4 - 15　BT - 2002 激光粒度分布仪

三、实验步骤

(1)开机。开机顺序为:激光粒度仪—循环分散系统—打印机—显示器—电脑。

(2)启动 BT - 2002 激光粒度分析系统并进行粒度测试。打开程序,选择测量菜单即进行测试。

(3)文档。单击“测量—文档”项进入文档窗口。文档是用来记录样品名称、介质名称、检测单位等原始信息的,这些信息将在测试报告中打印出来。

(4)自动测试。单击“测量—自动测试”菜单,系统进入自动测试状态。

(5)标准测试。“标准”测试是单独测试背景的自动测试。测试背景时要打开循环和超声,并通过两者交替停止和启动来实现消泡,然后加入适量的样品并单击“测试”按钮实现测试。

(6)常规测试。

背景:背景数值应在1～6之间。单击“测量—常规测试”后,系统首先进入测试背景状态。若背景值和状态正常,在“背景操作区”中单击“确定”就完成背景测试;若不正常,单击“背景校准”系统将进入背景校准窗口。

测试:“确认”背景后项循环泵中加入样品,将遮光率调至10～20之间,单击“单次”或“连续”按钮,就进入粒度测试状态并自动显示测试结果。单击“实时”,将实时显示测试结果。单击“图形设置”,可改变测试区中信号图形的颜色和形状。单击“单次”,得到一次的测试结果。单击“连续”按钮,将得到多次测试结果,次数由“设置—测试参数—连续次数”所决定。

结果:重新显示上一次测试的结果。

结果处理:可对测试结果进行保存、打印、复制、Excel等操作。

四、实验记录

将打印出的实验结果粘贴此处。

五、注意事项

(1)消除气泡。向循环池中加水600～700mL,启动循环后,管路中可能存在气泡。在每次测量背景前应先停止循环,打开超声波将管路中的气泡消除后再重新启动循环,测量背景。

(2)循环速度。通常情况下用1 600r/min的转速就可以了,主要为了保护电机。

(3)保护叶片。不得向循环池中加入直径大于1mm的样品,并防止掉进杂物,这样会对离心叶片造成损坏。

(4)液面。测试时液面应高于伸到循环池中的两个出水口,否则易使气泡带入水中,影响准确性。

实验四　火灾自动报警控制系统演示实验

一、实验目的

了解火灾自动报警控制系统的工作原理，熟悉各种传感器的类型和特点，掌握控制系统的操作与管理方法。

二、实验仪器与原理

实验仪器主要有JB－TB－GM400型火灾报警控制系统（图4－16、图4－17）、塑料袋（或透明玻璃瓶）、打火机、微型抽气泵、废纸。

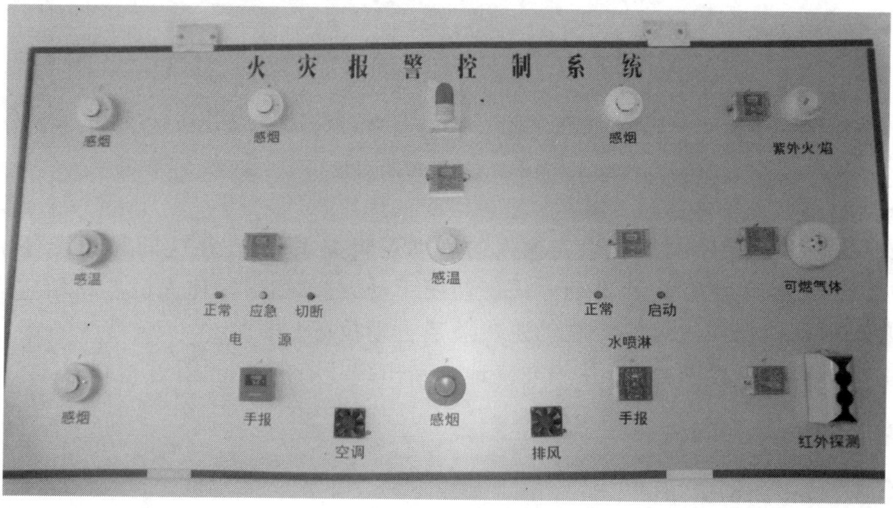

图4－16　主显示板

JB－TB－GM400型火灾报警控制系统，为最新推出的具有国内先进技术性能的新产品。控制器与探测器之间的数据传输采用先进的数字脉宽编码方式，控制器具有智能判别火警能力，可消除一些人为和环境因素的干扰，能最大限度地防止误报。该控制器可组成区域、集中两级火灾自动报警系统，也可由回路扩展板组成多回路大型火灾自动报警及消防联动控制中心报警系统。该控制器与相应的模拟量感烟火灾探测器、模拟量感温火灾探测器、缆式探测器、输入/输出模块及其他产品配套使用，可完成各种消防报警和联动功能。

三、实验步骤

（1）打开控制箱，接通主电，电源指示“正常”，水喷淋指示“正常”（即未工作状态）。

（2）给予不同条件（温度、烟等）使传感器工作，任一个传感器工作，任一个传感器发生火警，声光系统会启动（即7号）电源指示变为“切断”，应急灯亮，空调关闭（空气流动，空调泛指送风、引风的设备），排风启动，进行排烟。

（3）可实现任意编程联动控制水喷淋的工作状态。通过联动编程，将联动逻辑关系输入控

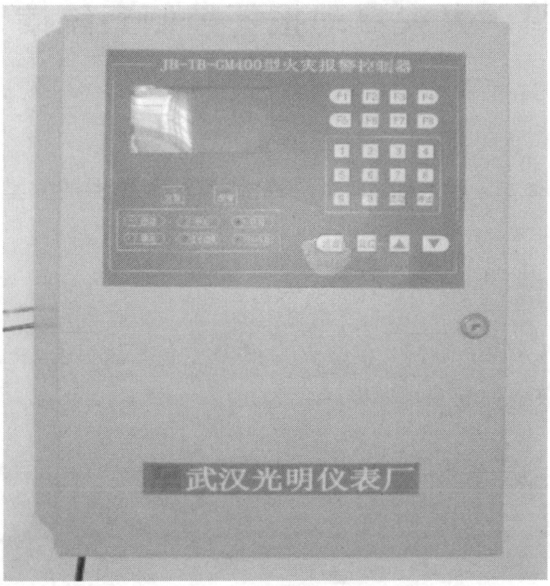

图 4－17　控制面板

制器，当发生火灾时，控制器根据事先输入的联动逻辑关系，启动相应的联动设备。联动控制分为两种工作方式：手动方式和自动方式。使用手动方式时，由操作人员启动相应联动控制模块，自动方式则是根据预先编好的联动逻辑关系自动执行。

(4)主机具有故障诊断功能，并能准确地判断出现故障的部位，并在窗口显示。

四、思考题

谈谈你对火灾报警系统的一点认识。

实验五　可燃气体爆炸极限测定实验

一、实验目的

(1)掌握可燃气体爆炸极限测定方法。

(2)初步了解动态可燃气体爆炸极限测定系统的结构和工作原理。

二、实验仪器与原理

1. 设备

可燃气体爆炸极限测试系统由液化石油气罐、压风机、气体混合器与控制箱、爆炸管和电激爆装置等组成,如图 4-18 所示。

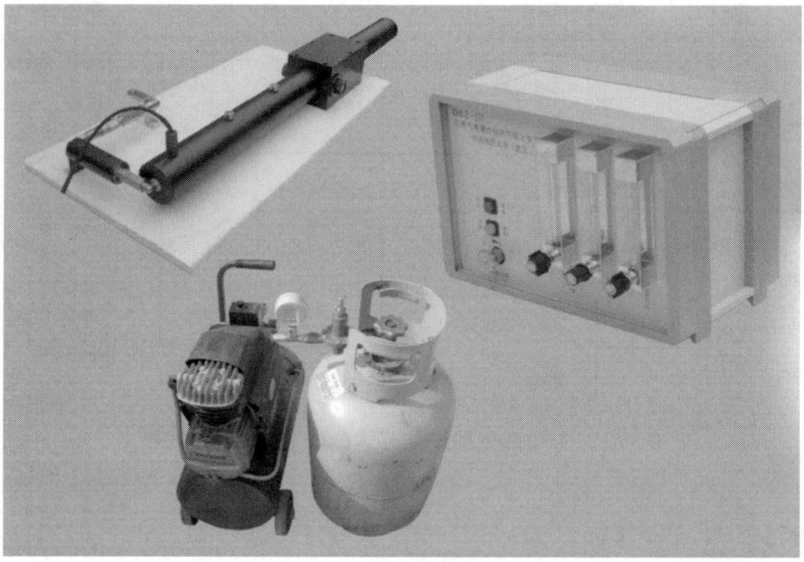

图 4-18　实验所用仪器

2. 工作原理

可燃气体爆炸极限测试系统是将可燃气体按预定比例和空气均匀混合,使用高压电火花激爆;如果可燃气体与空气的混合比例在其爆炸上下极限以内,则混合气体可被激爆。混合气体的爆炸完全程度,以按化学当量浓度混合时为最佳,低于或高于该种混合气体的固有爆炸上下极限,则不能被激爆。影响混合气体爆炸极限的因素除供应的混合比例外,还与混合均匀程度、激爆能大小和系统结构有关,本实验装置由流量计控制爆炸混合气体的比例。

三、实验步骤

在教师指导下按图 4-19 所示做好系统连接,包括:

(1)将测试工作台移至试验位置。

(2)接上压风机电源;打开风包开关;将压风机风管、液化石油气罐分别与控制箱相接。

(3)将控制箱与爆炸管相接,连接时注意管道密封。

(4)将控制箱电线与火花塞两极紧密相连,并检查控制电路是否通畅。

(5)计算测定点混合比:测定四点,①爆炸上限;②爆炸下限;③化学当量比例;④高于爆炸上限10%。

(6)按设计混合比例逐项实测,每种混合比爆5次,观察能否爆炸,以及观察爆炸极限以内各次试验的喷出口爆炸完全程度。

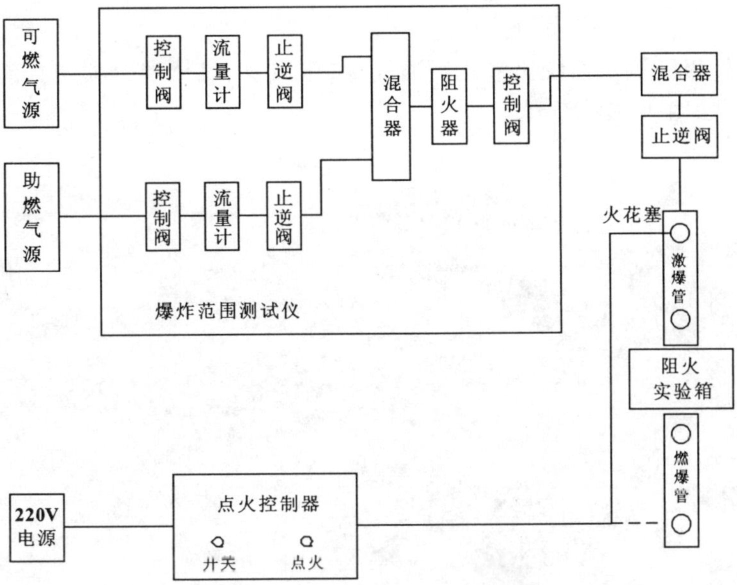

图4-19　可燃气体爆炸范围测试系统结构示意图

四、实验记录(表4-3)

表4-3　测试记录表

编号	混合比例		实验简况
	可燃气(%)	空气(%)	
1			
2			
3			
4			
5			

五、思考题

在坐标轴上绘制混合比与噪声大小的关系曲线,并找出爆炸极限。

实验六 阻火、耐烧、阻爆实验

一、实验目的

(1)掌握阻火、阻爆元件(材料)性能的测定方法。

(2)掌握阻火、阻爆元件的工作原理。

二、实验仪器与原理

实验仪器采用DBZ－1型可燃气体爆炸极限与阻火实验装置系统(图4－20),该装置在传爆管与燃爆管之间设有阻火试验箱,根据试验内容不同,分别使用以下方法对阻火元件或阻火阻爆材料进行阻火、耐烧和阻爆测试,阻火、耐烧、阻爆测试使用液化石油气和空气混合燃气。

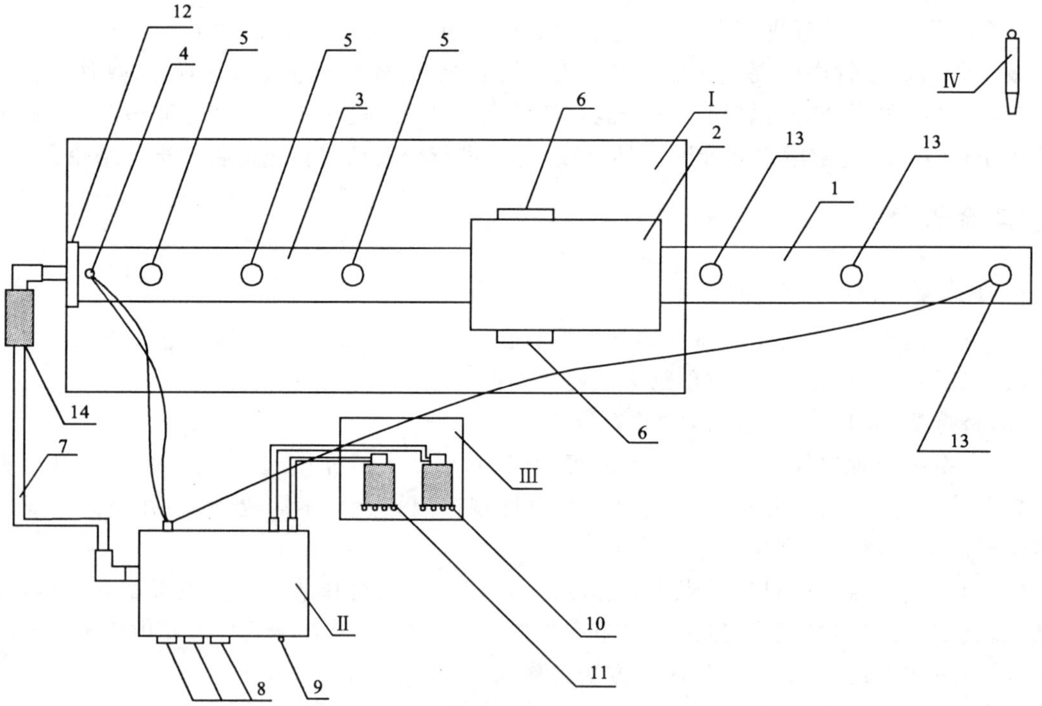

图4－20 可燃气体爆炸极限与阻火实验装置系统布置

Ⅰ.实验台;Ⅱ.控制箱;Ⅲ.燃气源;Ⅳ.声级计。1.消声器;2.阻火试验箱;3.激爆管;4.火花塞;6.观察窗;7.导气管;8.流量计;9.控制按钮;10.助燃气体;11.可燃气体;12.端盖;13.测试孔;14.混合器

1. 常压阻火、耐烧实验

(1)阻火实验:参照国标GB 5908—86规定,接上1.5m长的燃爆管,在试验箱内装上一定孔径和数量的金属丝网阻火片或装有其他阻火材料(模拟)试验架;然后调节流量计,使混合可燃气体处于最佳混合比,并连续通入测试管;当预混可燃气体充满测试管时(供气10s以上),对燃爆管的火花塞(管口部)通电点火,管内火焰由外向阻火试验箱传播冲击阻火片。

若阻火无效，火焰即通过(或稍待后即通过)阻火片向供气端传播；若阻火片阻火有效，则火焰停留在阻火片外侧，继续燃烧10s后停止供气；待燃烧熄灭后，再继续供应混合气重复试验。以同样方式使阻火元件受冲击5次(GB 5908—86规定13次，教学实验可减少次数)；若5次都能阻火，则可确认此材料可以阻火；5次中若有一次失效，则视为不能常压阻火。

(2)耐烧实验：耐烧实验时，其装置、供气方式、点火等与常压阻火试验相同；当对燃爆管的火花塞通电点火，管内火焰由外向阻火试验箱传播至阻火片时开始，连续供气燃烧2min(GB 5908—86规定5min，教学实验时可减少燃烧时间)，如果阻火元件还未烧坏仍能阻火，则可认为此材料符合耐烧要求；否则，不耐烧。

2. 阻爆实验

将测试管上测试孔全部堵塞拧紧，将待测一定量的阻爆材料装入阻火材料(模拟)试验架，并插入阻火试验箱，所需相对爆压由调节传爆管上三个控制器内设置的控制板数，与调整控制板孔径大小获得[爆压随控制板数(0、1、2，3)的增加和控制板孔径(1号、2号、3号)酌减小而增大，可组成多种不同爆压]。待装置调整安装完毕后，用常压阻火实验相同方式将测试管内充满预混可燃气体，用激爆管上火花塞点火激爆，激爆时若从管口传出的爆炸声小、无火花，说明阻爆装置后燃爆管内的混合气体未被引爆，该阻爆装置能够阻止爆炸传播；若爆炸声较大且有火花，则说明阻爆装置后燃爆管内的混合气体已被引爆，阻爆装置本能阻止爆炸传播；爆炸声的大小可在6m处使用声级计测出噪声级，对其进行分析即可得出能否阻爆的结论。

三、实验步骤

1. 阻火耐烧实验步骤

(1)取下消声盖，接长阻火试验箱外燃爆管长至1.5m；燃爆管出口处装上火花塞。将点火导线改接到燃爆管火花塞上；取出阻火试验箱内的接管。

(2)将待测的阻火元件装入箱内，关严箱盖。

(3)向系统连续送最佳混合比的预混可燃气体，经10s后操作起爆箱点火燃烧，观察人员可在燃爆管口外(轴线方向)2m处或观察窗附近观察阻火元件的阻火性能，并记录相应的阻火耐烧时间和观察到的现象。

(4)当对其他阻火材料进行阻火耐烧测试时，应将待试材料装入阻火阻爆试验架内，在阻火试验箱进气口端接好短接管后，再将阻火阻爆试验架装入，将燃爆管拧入箱内压紧试验架和接管；随后再按上述(1)、(2)、(3)所示方法工作。

2. 阻爆实验步骤

(1)在阻火实验布置的基础上，将阻火试验箱外燃爆管长减为0.75m；将点火导线改接到激爆管上。

(2)将一定量某种阻爆材料装入阻火阻爆材料(模拟)试验架内；短接管先拧入阻火试验箱进气口端，随后将试验架插入阻火试验箱，再将燃爆管向箱内旋紧并使三者严密接合。

(3)根据所需阻爆能力(相对爆压)，调整插入三个控制器内控制板的数量(0、1、2、3)和孔径。

(4)按测试爆炸范围的方法，使用液化石油气和空气混合，选择最佳燃气混合比，供气10s后，视管口爆炸噪声的重大差异(声级计读出)判别阻爆材料(装置)后的预燃气是否被引爆，并以此判别阻爆材料(或装置)的阻爆效果。

(5)阻爆实验时,严禁在燃爆管前 3m 内观看。

四、实验记录

将观察到的实验现象进行描述。

第五章 电气安全实验

实验一 接地电阻测量实验

一、实验目的

(1)掌握接地电阻测量仪的工作原理和操作方法,通过测量了解接地体的对地电压曲线。

(2)掌握土壤电阻率的测量方法。

二、实验仪器与原理

本实验主要使用的仪器有 BY2571－Ⅱ型数字接地电阻测试仪、皮尺、小锤、导线。

工作原理为机内 DC/AC 变换器将直流变为交流的低频恒流,经过辅助接地极 C 和被测物 E 组成回路,被测物上产生交流降压,经辅助接地极 P 送入交流放大器放大,再经过检波送入表头显示。借助倍率开关可得到 3 个不同的量限:0～2Ω、0～20Ω、0～200Ω。

三、实验步骤

1. 接地电阻测量(图 5－1)

(1)断开接地体与被保护电气设备的连接线。

(2)沿被测接地 E(C_2、P_2)和电位探针 P_1 及电流探针 C_1 依直线彼此相距 20m,使电位探针处于 E、C 中间位置,按要求将探针插入大地。

(3)用专用导线将端子 E(C_2、P_2)、P_1、C_1 与探针所在位置对应连接。

(4)开启电源开关"ON",选择合适档位轻按一下键,该档指示灯亮,表头 LCD 显示的数值即为被测得的接地电阻值。

(5)将电位探针向接地体移动,测量每一次所得的阻值,然后填入表 5－1。

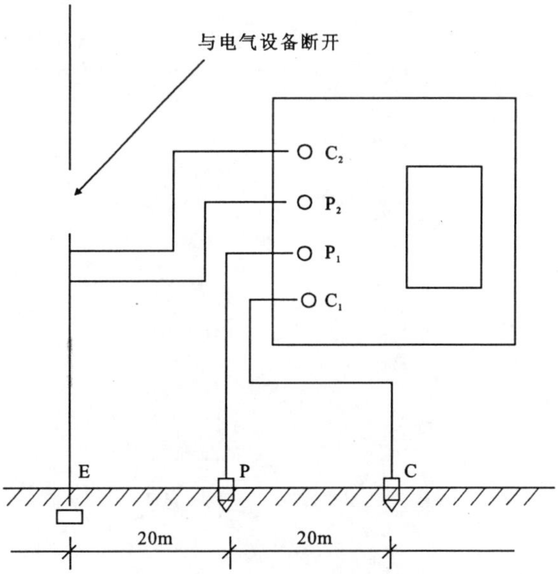

图 5－1 接地电阻测量示意图

表 5-1　接地电阻测量记录表

L(m)	20	14	8	4	3	2	1	0.8	0.6	0.4	0.3	0.2
R(Ω)												

表中:L——电位探针到接地体的距离,m;

R——接地电阻的测量值,Ω。

(6)绘出 $R-L$ 曲线。

2. 土壤电阻率测量(图 5-2)

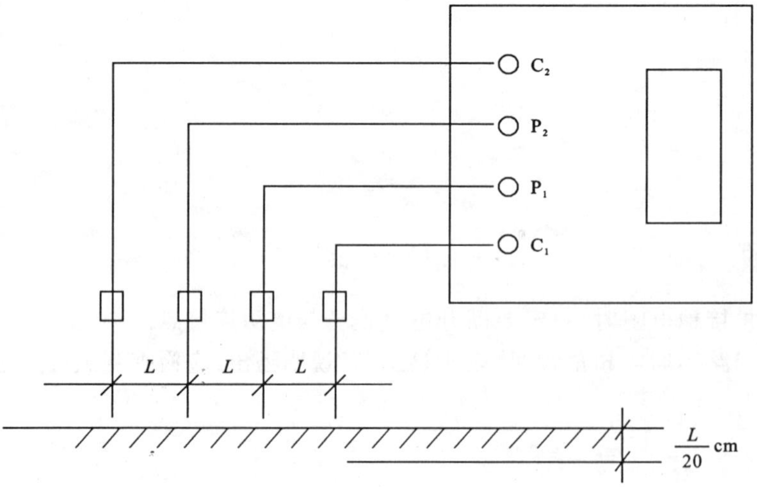

图 5-2　土壤电阻率测量示意图

测量时在被测的土壤中沿直线插入 4 根探针,并使各探针间距相等,各间距的距离为 L,要求探针入地深度为 $L/20$cm,用导线分别从 C_1、P_1、P_2、C_2 各端子与 4 根探针相连接。若测出

电阻值为 R，则土壤电阻率按下式计算：

$$\psi = 2\pi RL$$

式中：ψ——土壤电阻率，Ωcm；

L——探针与探针之间的距离，cm；

R——地阻仪的读数，Ω。

用此法测得的土壤电阻率可近似认为是被埋入探针之间区域内的平均土壤电阻率。

3. 测量完毕

按一下电源“OFF”键，仪表关机。

四、实验结果

(1)将电位探针向接地体移动，测量每一次所得阻值，然后填入表 5-2：

表 5-2 电位探针测量接地电阻记录表

L(m)	20	14	8	4	3	2	1	0.8	0.6	0.4	0.3	0.2
R(Ω)												

表中：L——电位探针到接地体的距离，m；

R——接地电阻的测量值，Ω。

(2)绘出 $R-L$ 曲线：

五、注意事项

(1)测量保护接地电阻时，一定要断开电气设备与电源连接点。

(2)若测试回路不通或超量程时，表头显示“1”说明溢出，应检查测试回路是否连接好或是否超量程。

六、思考题

参照传统的手摇式接地电阻测量仪，对比说明一下手摇式与数字式的各自优缺点。

实验二　绝缘电阻测量实验

一、实验目的

(1)掌握兆欧表的工作原理。

(2)掌握兆欧表测量绝缘电阻的操作方法。

二、实验仪器与原理

本实验所使用的仪器有①手摇式兆欧表、BY2571 型数字式兆欧表;②电缆线若干。

兆欧表测量原理(分手摇式和数字式两种)。

1. 手摇式

手摇发电机为测量提供电源。线圈 L_1、L_2交叉装在同一轴上,当有电流分别流入线圈时,两线圈在永久磁铁产生的磁场中所受转动力矩方向相反。若两力矩不平衡,线圈转动,带动指针也偏转。两力矩的大小为:

$$M_1 = K_1 I_1 F_1(\alpha)$$

$$M_2 = K_2 I_2 F_2(\alpha)$$

式中:α——指针的偏转角。当指针偏转到一定程度达到稳定,此时有 $M_1 = M_2$,即:

$$K_1 I_1 F_1(\alpha) = K_2 I_2 F_2(\alpha)$$

则

$$I_1/I_2 = K_2 F_2(\alpha)/K_1 F_1(\alpha) = KF_3(\alpha) \tag{5-1}$$

此外,根据图 5-3,又可得到:

$$I_1/I_2 = (R_2 + r_2)/(R_1 + r_1 + R_x) = F_4(R_X) \tag{5-2}$$

由式(5-1)、式(5-2),经数学变换:

$$\alpha = F(R_X) \tag{5-3}$$

由式(5-3)可知,绝缘电阻的变化将引起偏转角(α)的变化。

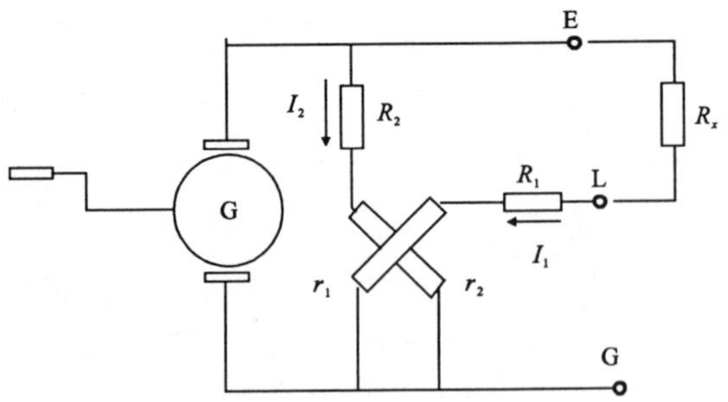

图 5-3　兆欧表测量原理图

G. 手摇式电机;R_1、R_2. 回路电阻;R_X. 被测绝缘电阻;r_1、r_2. 线圈 L_1、L_2 的电阻

2. 数字式

数字式兆欧表采用大规模集成电路,由机内电池作为电源经 DC/AC 变换产生的直流高

压由 E 极出经被测试品到达 L 极，从而产生一个从 E 极到 L 极的电流，经过 I/V 变换经除法器完成运算直接将被测的绝缘电阻值由 LCD 显示出来。

三、实验步骤

(1)测量前必须切断被测物的电源，并进行短路放电。

(2)将兆欧表水平放置。

(3)识别"L"、"E"、"G"接线柱。

(4)检查兆欧表：先将各端旋钮开路，转动手把，指针应指在"∞"处，然后短接 E 和 L，慢慢转动手把，指针应指在"0"处。

四、实验记录

1. 手摇式

(1)手把转速由慢至快，达到 120r/min 时，手把转速应均匀、稳定，待指针稳定后即可读数。

(2)测量双芯护套线之间的绝缘电阻，画出测量接线图。

(3)测量同轴信号电缆的芯线之间与外皮之间的绝缘电阻，画出接线图。

(4)记录测量值(表 5 - 3)。

表 5 - 3　手摇式兆欧表测量绝缘电阻记录表

测量时间	测量对象	温度	气候	阻值

(5)在测量过程中,若指针向“0”位,应立刻停止转动。

2. 数字式

(1)开启电源开关“ON”,选择所需电压等级,轻按一下,指示灯亮代表所选电压档,轻按一下高压启停键,高压指示灯亮,LCD 显示的稳定数值即为被测的绝缘电阻值,关闭高压时只需再按一下高压键,关闭整机电源时按一下电源“OFF”。

(2)测量绝缘电阻时,先将被试品与其他电源断开,短路放电,将仪表所配备的专用测试线按仪器上的示意图依次连接,红色测试线插入仪表“L”端,另一端与被试品的接地点或外壳相接。将黑色屏蔽线的白色芯线插入仪表的线路“E”端,另一端与被测品屏蔽部分或不参加测量的相接部分相连。绿色测试线接“G”端(测量过程中,由于绝缘物产生电极化现象,会引起绝缘值读数漂移、跳动,属于正常现象)。

(3)启动高压后,机内定时器开始工作,1min 时仪表自动报警 5s,此时数值被锁定,便于计算吸收比。将不同电压等级下测得的绝缘电阻值填入表 5－4。

表 5－4　不同电压等级下测得的绝缘电阻值

电压等级	500V	1 000V	2 000V	2 500V
绝缘电阻				

六、思考题

刚开始测量到测量稳定,兆欧表的读数是如何变化的?为什么?

实验三 漏电开关测试实验

一、实验目的

测定断路器的动作时间和检测断路器是否正常工作。

二、实验仪器

(1)5406A 漏电开关测试仪。

(2) DZ47LE 单向断路器。

三、实验步骤

(1)将漏电开关测试仪与被测断路器按照图 5-4 连接,保证 P—E 和 P—N 端的氖管亮,而“!”端氖管不亮。如果上述显示灯显示错误,请断开连线,检查连线可能存在的错误。

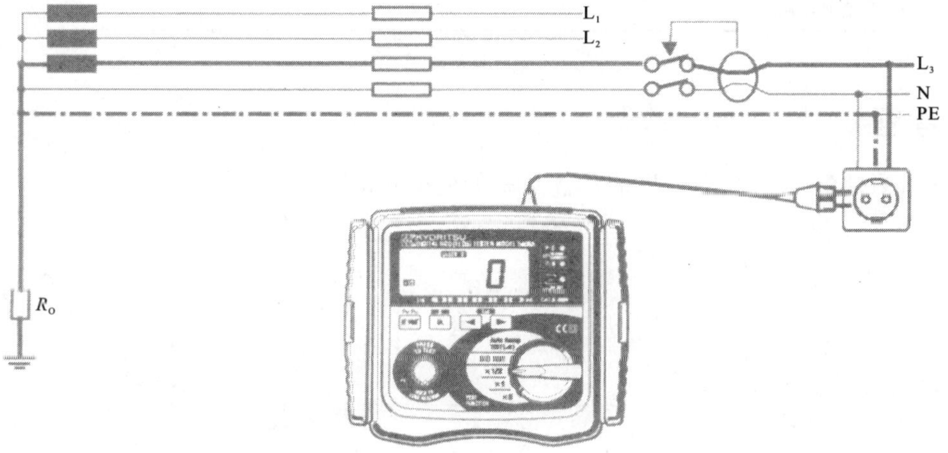

图 5-4 漏电开关测试仪与被测断路器连接示意图

(2) 打开断路器开关。

(3) 按下 I ⊿ n,设定额定的触发电流(I ⊿ n) 为被测电路断路器的额定触发电流。

将功能键设定为×1/2。

(4)无触发测试:

①无触发测试(×1/2)。

②将触发电流设为×1/2 量程,并将漏电开关测试仪额定触发电流选择钮(I ⊿ n)定为被测电路断路器的额定触发电流。

③按下,然后松开“Press to Test”按钮。相当于为被测电路断路器的额定触发电流一半的电流将通过断路器。如果断路器正常工作,它不应被触发。

④测试过程中,屏幕将显示“ms”。“Press to Test”按钮松开后,测试结果将显示 3s。如

果“Press to Test”按钮未被松开，测试结果持续显示，直至松开按钮为止。

⑤如果断路器被触发，屏幕将显示触发时间，读数被保持大约 10s。

(5)触发测试。

①触发测试用于测试非延迟断路器是否能被正确触发。

②选择×1 测试触发电流。

③按下“Press to Test”按钮。相当于为被测电路断路器的额定触发电流通过断路器。断路器将被触发，同时屏幕上将显示读数。测试过程中，屏幕将显示“ms”。

④从③得到的读数应在断路器规定的触发时间范围内。

⑤如果断路器未被触发，则该断路器有问题。

四、实验结果

记录触发测试中第③步得到的触发时间，并判断自己所测试的断路器是否正常。

五、注意事项

(1)每次按下测试按钮时，请务必检查 P—E、P—N、“!”3 个氖管。上述三个氖管应处于下列状态：P－E 端氖管亮；P－N 端氖管亮；“!”端氖管灭。

(2)如果三个氖管为处于上述状态，不要进行任何测试。

(3)如果 P－E 端和 P－N 端氖管熄灭，或“!”端氖管亮，立即将仪器断电。

第六章　职业健康与卫生实验

实验一　噪声测量

一、实验目的

(1)通过本实验的学习,了解 HS5628B 型个人声暴露计的原理。

(2)掌握测定方法,培养实验技能。

二、实验仪器与原理

本实验使用 HS5628B 型个人声暴露计。它是一种测量指数时间计权声级的通用声级计,又是能测量时间平均声级的积分平均声级计和测量声暴露的个人声暴露计,其性能符合 GB/T 17181—1997 和 IEC 61672—2002 标准对 2 级声级计的要求,对射频场敏感度属 X 类。本仪器采用先进的数字检波技术,具有可靠性高、稳定性好、动态范围宽等优点。点阵字符式液晶显示,用户操作简便,电池供电,测量结果长期保存在仪器内,通过 RS-232 接口在现场或事后用微型打印机打印出来或送到计算机中去处理。

三、实验步骤

(1)开启声级计右侧面上电源开关,显示器应显示“WELCOME! HS5628B”字样,2s 后进入测试状态。

(2)测试方式设置。声级计开机后,按＜设置＞键,再按▲ ▼,使显示屏显示“Set Mode”,如图 6-1 所示。

图 6-1　开机画面

按＜运行＞键后显示待测量的方式,如图 6-2 所示:

再按 ▲ ▼ 设置为测量方式 1 或测量方式 2。如为测量方式 1 则按＜运行＞键后进入等待测量状态。

(3)定时测量时间设定。声级计开机后,按＜设置＞键,再按▲ ▼键,使显示屏显示“Set Tm”,如图 6-3 所示:

图 6－2　测量模式选择

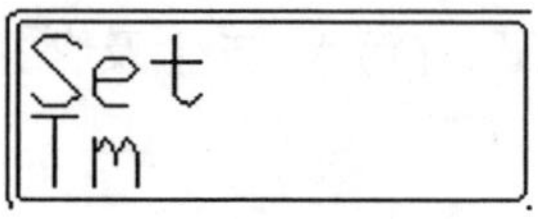

图 6－3　设置画面

按＜运行＞键后进行测量时间设置，如图 6－4 所示：

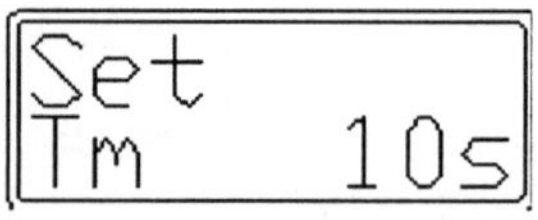

图 6－4　时间设置画面

再按 ▲ ▼ 键改变测量时间，显示屏分别显示 Man（人工）、10s、1min、5min、10min、15min、20min、30min、1h、4h、8h、24h，最后按＜运行＞键完成设置。

(4)瞬时声级测量。开启声级计电源开关，声级计处于“M”中量程档和“F”快计权特性，声级计测量数据为所测 A 声级值。按 A/C，则声级计测量数据为 C 声级值。

如果环境噪声变化较快，则按 F/S 使其置于“S”慢计权特性。

如果测量的声级过高，显示屏右上角的过载指示“Ov”闪亮，则按＜量程＞键使其置“H”高量程。

如果声级太低，显示屏右上角欠压指示“Lo”出现，则按＜量程＞键使其置于“L”低档量程。

按＜保持＞键，显示屏右上角显示“Ho”，声级计处于最大值保持测量状态。这时，只有当更大声级到来时，该读数才会改变(升高)，否则将予以保持，再按一下该按钮“Ho”消失，声级计又回到测量瞬时声级状态，再按一下该按钮，“Ho”又出现，可进行新的一次最大值测量。

四、实验记录

将实验结果记录在空白处。

五、注意事项

(1)声级计所用的传声器是一种精密传感器,请勿碰撞,以免膜片破损,不用时应放置妥当。

(2)安装电池应注意极性,切勿反接,仪器长期不使用时应取下电池,以免漏液损坏仪器。

(3)仪器每次使用前,最好先预热 5min,特别是湿度较大,测量低声级时,最好先预热 10min。

(4)仪器应避免放置于高温、潮湿、有污水、灰尘及含盐酸、碱成分高的空气或化学气体的地方,避免阳光直射。

实验二　矿用粉尘采样器

一、实验目的

(1)学习掌握AKFC-92A型矿用粉尘采样器的使用方法和应用条件。

(2)了解测定呼吸性粉尘浓度的方法与原理。

二、实验仪器与原理

本实验使用AKFC-92A型矿用粉尘采样器,该粉尘采样器由高性能吸气泵、自动时间控制电路、流量调节电路、自动反馈恒流电路、欠压保护报警电路、安全电源等组成,还配有多种粉尘预捕集器。其中用于测定总粉尘浓度的全尘预捕集器;另一种用于测定呼吸性粉尘浓度的冲击式预捕集器,这种预捕集器能对危害人体的呼吸性粉尘和非呼吸性粉尘进行分离,能一次采集可兼得呼吸性和非呼吸性两种粉尘样本,其分离效率达到国际公认的"BMRC"曲线标准,是一种较为可靠实用的粉尘前级分离装置。

AKFC-92A型矿用粉尘采样器工作原理,如图6-5所示,其电气原理方框图,如图6-6所示。

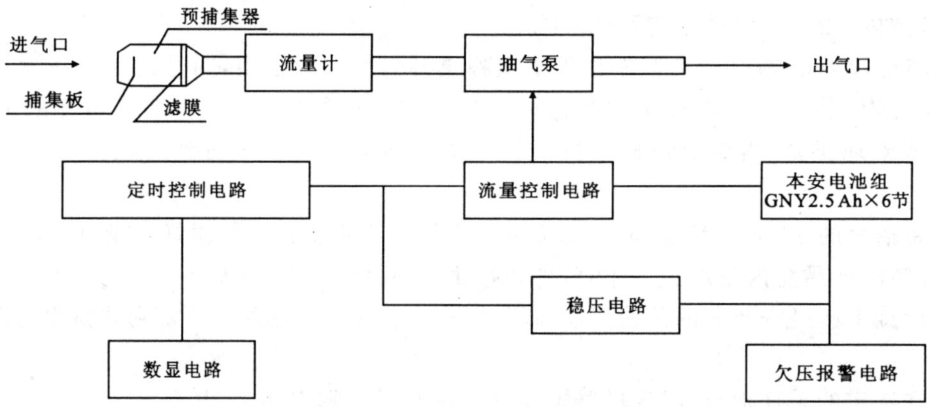

图6-5　AKFC-92A型矿用粉尘采样器工作原理示意图

该粉尘采样器是根据粉尘浓度称重法的检测原理设计。采样之前,必须将经过称量的干净滤膜装入预捕集器,通过仪器内抽气泵的吸气,使空气中的浮游粉尘阻留在预捕集器的滤膜上。采样结束后,将滤膜取出烘干后放在天平上称量。

前后称重相减可以取得滤膜增量及所捕集到的粉尘质量。同时在采样过程中,取流量和采样的时间二者相乘即可确定采样时通过预捕集器的空气体积,从而按规定的公式计算出被采集空气中所含粉尘的浓度。

三、实验步骤

(1)玻璃捕集板先用中性洗涤液浸泡,除去表面污渍,经清水漂洗后,再用脱脂棉球及无水

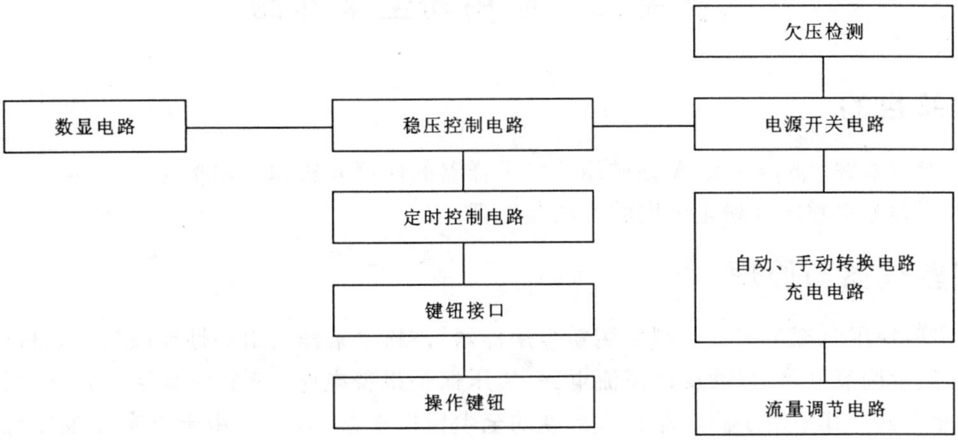

图 6-6　AKFC-92A 型矿用粉尘采样器电器原理示意图

酒精擦净。

(2)用洁净的小刮刀蘸取少量硅油，涂抹在捕集器圆心位置，再向侧边将硅油刮薄展开，使硅油涂 ϕ15mm 的圆形。由于硅油黏度较高，数小时后才会出现均匀扩散现象。所以捕集板涂硅油的工作应在采样前进行，并保证其不受污染，实验表明，捕集板上涂抹硅油控制在 0.5～5mg 范围内，粉尘捕集效果将不受影响。

(3)将已涂好硅油的捕集板放在天平上称重并做好记录备用，同时放入贴好标签的样品盒内。工作时，将玻璃捕集板从样品盒内取出，安装在预捕集器分离装置前部的捕集板座上，用金属卡环压紧，再旋上预捕集器的进气盖。玻璃捕集板上得到的粉尘为非呼吸性粉尘。

(4)将洁净的 ϕ40mm 滤膜，除去两面的衬纸放在天平上称量并做好记录，压入滤膜夹，放入贴好标签的样品盒内备用。工作时，将装好滤膜的滤膜夹取出，安装在分离装置底座的金属网上，最后旋上已经安装好的预捕集器前段，即告安装完毕。滤膜上所得到的粉尘为呼吸性粉尘。

(5)在选定的采样地点，将采样器牢固安装在专用三脚支架上，其高度应符合现场呼吸带高度。取出预捕集器安装在采样器上，并将进气口置于含尘空气流中。开机采样要根据现场粉尘种类及环境情况，一般采样时间控制在 20～25min。粉尘浓度较高的场所，采样时间定为 2～5min 即可。采样前应估计捕集板及滤膜上粉尘的增量，均不应少于 0.5mg 或多于 10mg，以免影响采样准确度。

(6)采样结束后，应小心地取出粉尘样品放入相应的样品盒。样品应进行干燥处理后再称量记录。

四、实验记录

(1)呼吸性粉尘浓度(R)：

$$R=(f_1-f_0)/20\times h\times 1\,000(\mathrm{mg/m^3})$$

$R=$__________

（2）总粉尘浓度（T）：

$$T=\{[(m_1-m_0)+(f_1-f_0)]/20h\}\times 1\ 000$$

式中：R——呼吸性粉尘浓度（mg/m^3）；

T——总粉尘浓度（mg/m^3）；

f_0——采样前滤膜的质量（mg）；

f——采样后滤膜的质量（mg）；

m_0——采样前捕集板的质量（mg）；

m_1——采样后捕集板的质量（mg）；

h——采样时间（min）；

T=__________。

五、注意事项

（1）玻璃捕集器及滤膜夹要洗净擦干，预捕集器的清洗必须使用洁净水、脱脂棉球或纱布，切不可使用有机溶剂擦洗。

（2）现场采样后，要注意保护好样品，轻拿轻放，使其不受污染和摔落。

（3）采样流量应尽量采用 20L/ min 恒流量采样，否则可能会影响预捕集器对呼吸性粉尘的捕集效率，影响测定的准确度。

实验三　分光度测定

一、实验目的

(1)学习并了解 UV751GD 紫外可见分光光度计的原理和使用方法。

(2)熟悉并掌握分光光度法。

二、实验原理

根据相对测量的原理工作,即先选定某一溶剂(空气、比溶液),并认为它的透射比为100%(吸光度 $A=D$),而被测试样的透射比是相对于参比溶液而言的,实际上就是由出射狭缝射出的单色光溶液和参比溶液。这两个光能量之比值,就是在一定波长下对被测试样的透射比(或吸光度)。吸光度的变化与被测物质的浓度有一定的比例关系,也即符合比色原理:朗伯-比耳定律。吸光系数和溶液厚度不变时,吸光度 A 的大小是与被测溶液的浓度 C 成正比的。

三、实验步骤

(1)把各被测试样依次倒入比色皿内,其中一支存放参比(空白)试样。试样高度一般为比色皿高度的 2/3～3/4。然后依次(一般参比放在靠身第一支)平稳地放入比色架中,并用夹子把比色皿固定在比色架右边,以防止比色皿在操作中摇动,影响测量精度。

(2)把比色架轻轻地放入试样室,使比色架底部的定位孔与定位滑板上的定位钉相互紧扣,然后将试样室盖合上。

(3)在光门杆推入时,用光电管选择杆选定所用的光电管,然后按 0%,每当转换光电管时,都应如此操作,并且转换时应有少许的等待时间,以使仪器稳定在 T0.0。此为暗电流调零操作。

(4)拉出光门杆,拉动试样选择杆,使参比试样进入光路,适当转动缝宽选择钮,按 100%。若显示 EE,要减少缝宽,若显示 E1,则要加大缝宽,直到显示 T100.0。

(5)拉动试样选择杆,使被测试样进入光路,此时不能再转缝宽选择钮。显示值即为被测试样的透射比。

(6)连续按 MODE ,显示器会循环显示透射比、吸光度 A、浓度 C 及时间值。若之前并未进行浓度设置操作,则转换到浓度 C 时,显示器显示 CE0。

(7)以上操作可往复进行,操作中要密切注意 T0.0 和 T100.0 的变化,并及时给予调整。

四、实验记录

将实验数据记录此处。

五、注意事项

(1)仪器上装有两支干燥剂筒，存放变色硅胶，目的是保护光学元件和光电放大器系统受潮损坏而影响仪器的正常工作。因此请务必注意经常保持硅胶的干燥。

(2)当仪器停止工作时，必须切断电源，严格按开、关机顺序，分别把主机和电源开关置于“关”的位置。

实验四 振动测量与分析

一、实验目的

(1)学习并掌握 AWA6290A 型多通道噪声与振动分析仪的使用方法。

(2)了解工作场所振动的危害及其应对措施。

二、实验原理

AWA6290A 型多通道噪声与振动分析仪是基于计算机的多功能声学、振动测量分析仪器。运用数字信号处理技术,有效值计算、频谱分析、时间计权、频率计权等由软件实现。可用于机器、电机的噪声与振动测量与分析。

三、实验步骤

点击 Windows 桌面左下角的“开始”图标,在“程序”中找到 AWA6290A 程序组,启动 OCT 程序。

“板卡设置”中,第一列来指示板卡插入的通道位置。第二列可选定板卡的类型:AWA5811A 和 AWA5811B。AWA5811A 主要用来作噪声、环境振动或电信号的测量;AWA5811B 主要用来与电荷型加速度传感器配合作振动测量。第三列是频率计权,有 L、A、C、Z 可选。一般噪声测量可选 A、C、L、Z,环境振动选 Z。

1. 插入频域窗的波形分析

在 AWA629A - 1/3OCT 分析的菜单中点“插入”,弹出“插入频域窗”子菜单,选中后弹出一新窗口。

2. 插入时域窗的波形分析

在 AWA6290A - 1/3OCT 分析的菜单中点“插入”,选中“插入时域窗子菜单”。在曲线显示内点下鼠标左键,弹出窗口,包括“打印”、“放大”。“打印”可将测量结果用打印机打印出来;“放大”可将显示的波形按实验要求进行横向放大。

第一行为状态显示栏,其中第一格为纵向放大倍数,当显示波形有幅度较小时,可进行点击调整,可选倍数为 1、2、4、8、16、32、64、128、256、512;第二格显示输入的通道号;第三格表示显示波形中总共的点数;第四格为量程。

四、实验记录

将打印出的实验结果粘贴此处。

第七章　锅炉压力容器安全实验

实验一　锈蚀腐蚀测试

一、实验目的

(1)通过本实验的学习,了解 JR-4478 型锈蚀腐蚀测定仪(图 7-1)的原理。

(2)掌握测定方法,培养实验技能。

图 7-1　JR-4478 型锈蚀腐蚀测定仪

二、实验内容

（1）测定润滑油、液压油、汽轮机油以及其他油脂中含水时对金属的腐蚀能力和评定添加剂防腐性能。

（2）评定航空汽油、航空涡轮燃料、车用汽油、家用拖拉机燃料、洗涤溶剂，炼油、柴油、馏分燃料油和润滑油等石油产品对铜片、银片腐蚀的程度。

三、实验步骤

（1）检查仪器坚固件有无松动，各个插件是否插好，方可通电检验。

（2）打开电源开关，指示灯亮，液晶屏显示欢迎使用。

①按＜确认＞键进入工作界面（图 7－2）。

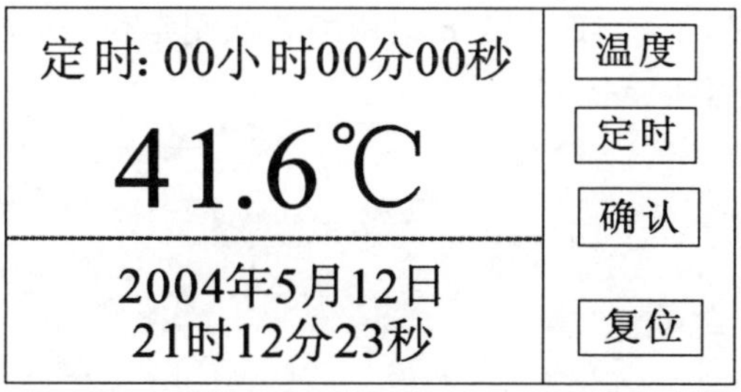

图 7－2 工作界面

②按＜温度＞键进入参数设置界面（图 7－3），按菜单提示依次设置所需参数，设置完成后，按＜确认＞键进入工作界面。

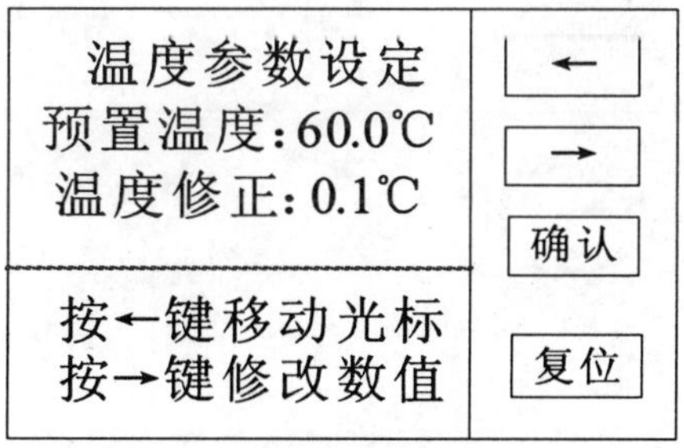

图 7－3 参数设置界面

③按＜定时＞键进入 C 置界面（图 7－4），按菜单提示依次设置所需参数，设置完成后，按＜确认＞键进入工作界面。

④按＜时钟＞键进入参数设置界面（图 7－5），按菜单提示依次设置所需参数，设置完成后，按＜确认＞键返回图 7－4 参数设置界面，按＜确认＞键返回图 7－3 工作界面。

（3）将白钢浴内加入无盐水，将试验样品烧杯放入托架内，盖好烧杯盖，将试验棒置于烧杯盖的插孔内，将搅拌桨固定在转轴内。

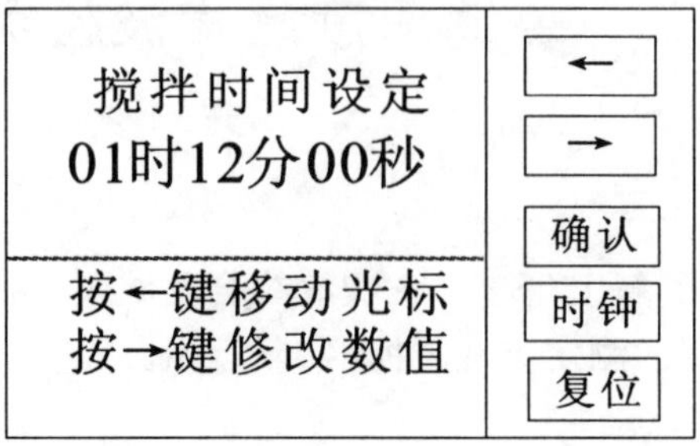

图 7-4 C置界面

图 7-5 时钟参数设置界面

(4)按下搅拌、加热开关，按＜确认＞键电机转动，从而带动整个传动机构工作，使温度开始恒温，至试验时间到蜂鸣器发出讯响，若停止讯响，请按时间复位按钮，否则一直发出响声。

(5)试验完毕后，取出试验样品，根据试验要求规定的方法，确定锈蚀腐蚀级别，若连续试验可重复上述过程，若停止试验，请依次关闭搅拌、加热开关和电源开关。

(6)当仪器按 GB/T 11143《润滑油淳朴锈蚀腐蚀测定方法》作测试时，将烧杯托架安放在浴箱盖板上，将盛好滑油样的烧杯放入烧杯托架内，将油样搅拌杆插入烧杯盖孔内，将烧杯盖按要求放在烧杯盖上，将搅拌杆装在油样搅拌器上(安装时将锁栓松开，搅拌器向上移动，油样搅拌杆插入搅拌器夹头内为宜，找好位置，将搅拌杆固定在搅拌器上，然后将锁栓拧紧)后把试验棒装配插入盖板孔中，并且调整好各件位置，按试验方法进行试验。

四、注意事项

(1)通电时，水浴箱内必须加水或油水混合物，加热器切勿在空气中使用。

(2)在使用前，应注意安全，仪器外壳与三芯电源插座接地良好。

五、思考题

JR-4478 型锈蚀腐蚀测定仪的原理是什么？

实验二　裂缝深度超声波检测实验

一、实验目的

(1)通过本实验的学习,了解 PTS－E40 裂缝综合测试仪(图 7－6)的原理。

(2)掌握裂缝深度和宽度的测定方法,并能实际运用。

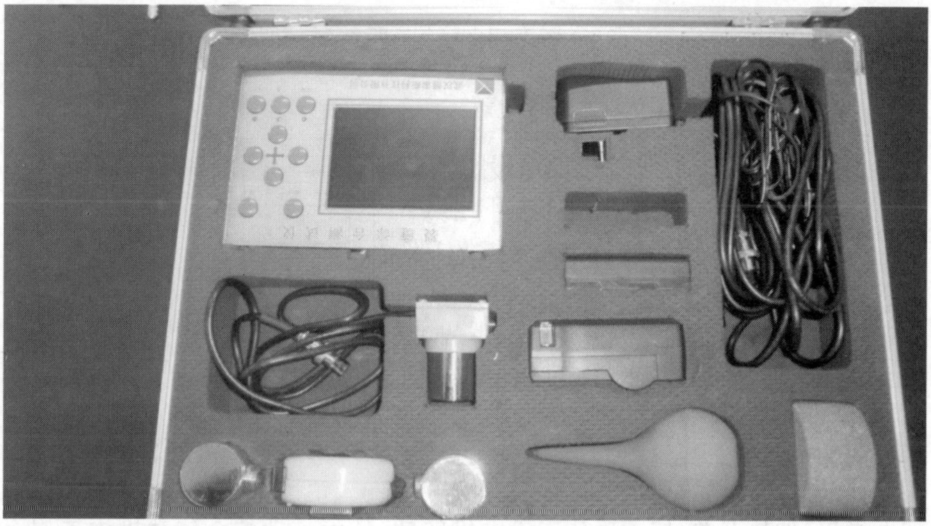

图 7－6　PTS－E40 裂缝综合测试仪

二、实验步骤

1. 裂缝宽度测量

(1)仪器连接:将测宽探头连接到主机顶部中央的航空插座中。

(2)开机:打开电源,屏幕显示“启动测试”、“图片查看”、“系统信息”三个程序图标,同时探头照明灯亮表示两者连接正常。

(3)启动测试:通过左右键选择“启动测试”图标,按键盘上的＜进入＞键启动宽度测量界面。屏幕上方显示“测宽模式”,屏幕中间出现蓝色的扫描基线。

(4)裂缝捕捉及测量:直接将探头紧靠被测裂缝的两端,即可在液晶显示屏上看到被放大的裂缝,微调探头使裂缝与扫面线垂直交叉,程序将自动捕捉到屏幕中与蓝色扫面基线交叉的裂缝,与裂缝平行的两条蓝色垂线将自动锁定该裂缝两侧的边缘,程序将自动计算并实时显示裂缝的宽度数值(如屏幕中有多条裂缝与蓝色扫面基线交叉,则程序将优先读取靠近屏幕中心的裂缝)。顺裂缝发展的方向移动探头,扫描线将实时显示所扫描到的裂缝宽度。

(5)保存:首先通过上下键选择设置需要的裂缝编号,在测量状态按下主机探头上的＜保存＞键,指示灯亮表示拍照成功。

(6)浏览存储的照片:通过左右键选择“图片查看”图标,按＜进入＞键进入图片浏览模式,通过方向键可以选择所需查看的图片，并按<进入>键可放大单张图片，按<退出>键回到主界面。

(7)数据传输：在开机的情况下将主机和电脑通过USB线连接。电脑上会自动显示所有存储的照片，并可以对照片进行下载、浏览、编辑、删除操作。

2. 裂缝深度测量

(1)仪器连接：将测深探头连接到仪器顶部左右两侧的航空插座中。

(2)开机：打开电源，屏幕显示“启动测试”、“图片查看”、“系统信息”三个程序图标。

(3)启动测试：通过左右键选择“启动测试”图标，按键盘上的<进入>键启动深度测量界面。屏幕上方显示“测深模式”，同时屏幕下方出现蓝色的“首位相波”指示框。

(4)裂缝深度测量：

①首先将两个探头对称放置在裂缝两侧的边缘，测深探头用耦合剂与待测物表面耦合，按<传输>键启动探头(发出“嗒嗒”声的是发射探头T，另一个为接受探头R)。

②以裂缝为中心向外侧大致匀速对称地移动两个探头，这时屏幕中“首位相波”指示条指示为“正”相位，则需继续向外侧移动探头以增大探头的中心距离。

注意：为了保证测试精度，测试面应平整并使用耦合剂，探头的移动速度不要太快，且两个探头的移动距离要大致相等。

③移动探头直至屏幕中“首位相波”指示条变化指示为“负”相位，表示两个探头移动的距离已超出了首位相波反相临界位置。这时需将T、R探头略往回移动，当首位相波指示条重新变化指示为“正”相位时，可判定该位置为临界点(探头在临界点内侧时，首位相波指示为正；探头在临界点外侧时，首位相波指示为负)。

④找到临界点后停止移动探头T、R。用卷尺测量临界位置探头T、R的中心距离，通过键盘将该数值以mm为单位输入到“间距”栏中，在“深度”栏中会自动计算得出裂缝深度值(附：探头直径$d=32.40$mm)。

(5)保存：在测量状态按下主机探头上的<保存>键，指示灯亮表示拍照成功。

(6)浏览存储的照片：通过左右键选择“图片查看”图标，按<进入>键进入图片浏览模式，通过方向键可以选择所需查看的图片，并按<进入>键可放大单张图片，按<退出>键回到主界面。

(7)数据传输：在开机的情况下将主机和电脑通过USB线连接。电脑上会自动显示所有存储的照片，并可以对照片进行下载、浏览、编辑、删除操作。

三、思考题

试列举一个其他裂缝深度测试的方法。

实验三　YSD 岩体声发射监测

一、实验目的

学会使用 YSD 岩体声发射监测仪(图 7－7)。

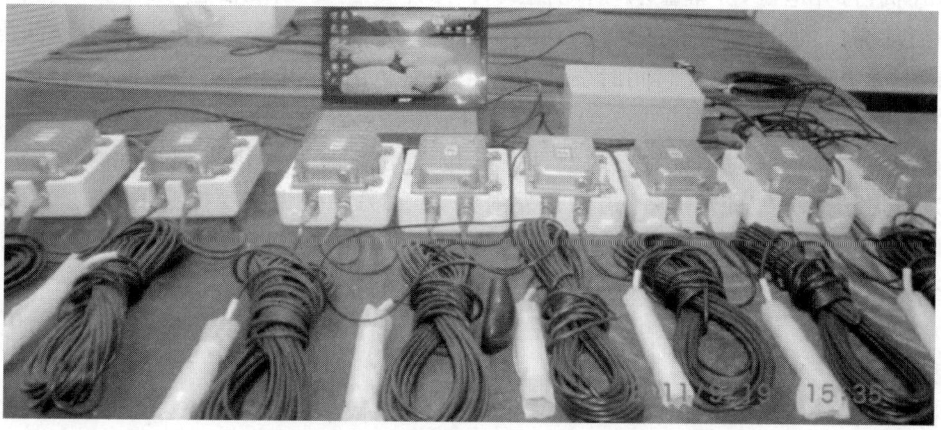

图 7－7　YSD 岩体声发射监测仪

二、实验仪器与原理

本实验所用的仪器 YSD 岩体声发射监测仪由计算机控制，八通道实时监测，系统包括工控机、转换模块、采集传输模块、探头、稳压电源 5 个部分。

(1)探头：由传感器、前置放大器、传输电缆、密封壳体组成。

(2)采集传输模块：由信号采集、信号处理、计数与远程通讯组成。

(3)转换模块：信号由数据总线传输，RS232/RS485 转换器电平转换，最大传输距离为 3 000m。

(4)工控机：采集传输的控制由工控机完成，声发射监测软件负责各测点(采集传输模块)参数设置、检查及数据上传，声发射信号大事件、总事件、能率直方图显示，声发射事件数据保存、处理。

(5)稳压电源：为探头和采集传输模块提供正、负直流电源。

在外力作用下，岩体内部存在缺陷(包括裂纹)或不均质的部位，首先储蓄应变能，当这种应变能积蓄到某一数值时，即以弹性波的形式释放，并由源点向四周传播。这种现象称为岩体声发射现象。

岩体声发射检测技术是一种岩体受力损伤、破坏的动态检测方法，其检测结果可以反映岩体稳定性的发展趋势和有效地预报岩体失稳的危险状态。岩体(石)受力时，产生声发射；岩体趋于破坏时，声发射水平显著提高。利用岩体声发射的特点，岩体声发射仪检测声发射的频度、强度和能量，揭示岩体的受力状态，为评价、预测岩体的稳定性提供依据。

总事件：单位时间内发射时间累计数（个/分）。

大事件：单位时间内幅度大于设定值的事件累计数（个/分），反映较大声发射幅度。

能率：与单位时间声发射能量成比例的量（无量纲），反映声发射能量。

尽可能使探头与声发射源接近。由此，探头应放在一定深度的钻孔中，最好用水泥砂浆浇灌。对一般岩体工程，钻孔深度大于 1.8m；对采场板顶，监测孔深度可适当减小。两旁监测孔应水平或略向上倾，顶板监测孔角度小于 45°，使探头不至于下滑，孔口用棉纱塞紧，隔绝外部噪声。

监测孔间距小于 40m，如不要求全面监控，间距可适当加大，或仅在认为重要的部位设孔。

采集传输模块置于孔口部位，每个采集传输模块串行输出至工控机，机房与最远采集传输模块的距离不大于 3 000m，若增加中继器，距离可适当加长。

三、实验步骤

(1)本仪器软件在 Windows 系统下运行。

(2)双击 Windows 桌面上“YSD 声发射监测系统”图标，启动声发射监测系统软件。

(3)点击画面中的“参数设置”图标，进入“参数设置”界面，在“孔号设置”处设定每个探头对应的孔号；“采集模式”有“0：定时采集”和“1：循环采集”两种方式；画面中“循环间隔时间”和“采集间隔时间”应设置为“0：00：00”；其他参数根据需要设置。参数设置完成后，点击＜关闭＞按钮，返回主画面。

(4)数据查看窗口说明。在主画面“显示数据”按钮区，点击探头中某一个，会显示相应探头的数据查看窗口。该窗口下部有＜删除＞、＜更新＞、＜刷新＞、＜关闭＞4 个按钮，在窗口中的数据上点一下，再按＜删除＞按钮，会将该组数据删除（含该组数据中的大事件、总事件、能率）；按＜更新＞按钮，将删除操作的结果保存到硬盘；如果在数据查看窗口没有发现最新数据，请点击＜刷新＞按钮；＜关闭＞按钮用来关闭数据查看窗口。

(5)保存数据。在主画面中点击＜保存数据＞按钮后，提示“起始时间”、“终止时间”、“文件名”。文件名应加后缀“.mdb”，如存入软盘，文件名应加“A:”保存。保存起始时间至终止时间内 8 个探头的原始数据。

(6)点击＜正在采集＞按钮，使其闪烁，表明系统正在采集数据。

(7)系统状态。在采集数据，主画面的＜系统状态＞小窗口先是采集数据的过程。

(8)退出。点击＜系统退出＞按钮，可退出声发射监测系统软件。

四、实验记录

点击画面中的＜数据处理＞按钮，再点击＜探头选择＞按钮，选择需要进行数据处理的探头号；点击＜系统单位＞按钮，选择其中某项作为统计单位（某时间段声发射参数累计值）；点击＜时间区段选择＞，选择需要进行数据处理的时间区段。最后点击＜确定＞按钮，完成数据内部处理。点击＜打印＞，即可输出数据表格。

点击主画面中的＜数据处理＞按钮，选择＜绘图＞，选择声发射参数中任一项，点击＜打印＞，即可输出数据直方图。点击＜返回＞可重新进行选择。

实验四　钢材组织结构观测

一、实验目的

(1)通过本实验的学习,了解光学显微镜(图 7－8)的原理。

(2)了解光学显微镜的使用方法,并进行锅炉钢材的组织结构的观测,了解其组织结构。

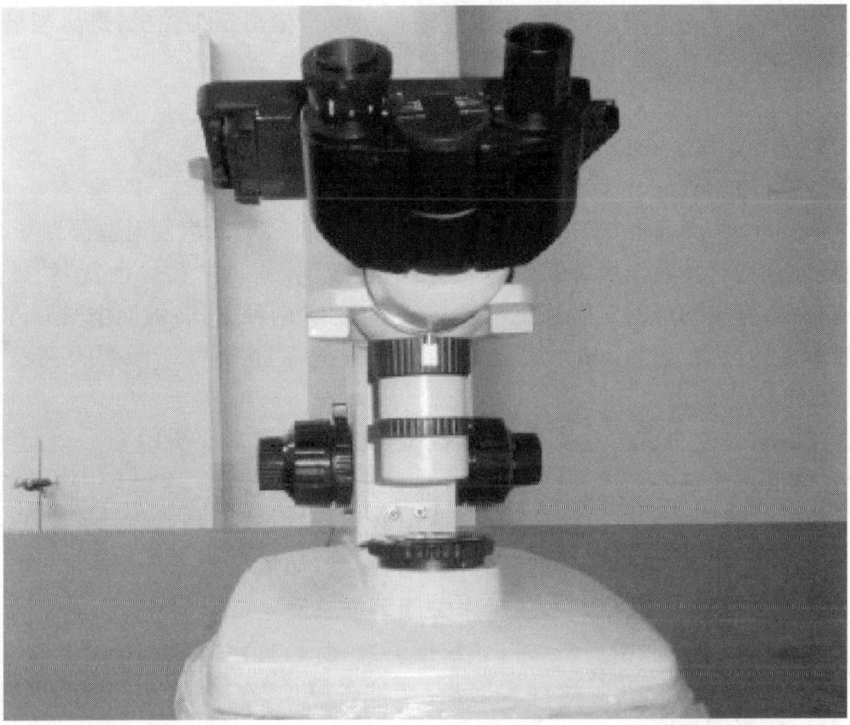

图 7－8　光学显微镜

二、实验步骤

(1)仪器连接。

(2)显微镜的调节。

①取显微镜和放置:显微镜平时存放在柜或箱中,用时从柜中取出,右手紧握镜臂,左手托住镜座,将显微镜放在自己左肩前方的实验台上。

②对光:用拇指和中指移动旋转器(切忌手持物镜移动),使低倍镜对准镜台的通光孔。打开光圈,上升集光器,并将反光镜转向光源,同时调节反光镜方向,直到视野内的光线均匀明亮为止。

③放置玻片标本。

④调节焦距。

(3)观测:调节调焦螺旋对样本进行观测。

(4)观测结果分析:一号样本为马氏体,经过淬火后水冷,其硬度和强度均较高;二号样本为 30#钢,经过退火炉冷,其组织为珠光体和铁素体,其硬度和强度比马氏体低。

三、注意事项

(1)拿取显微镜必须一只手拿着镜臂,一只手托着镜座,并保持镜身的上下垂直,应避免震动,轻放台上。切不可一只手提起,以防显微镜、反光镜的目镜坠落。

(2)使用前应将镜身擦拭一遍、用擦镜纸将镜头擦净(切不可用手指擦抹)。

(3)使用时如发现显微镜操作不灵活或有损坏,不要擅自拆卸修理,应立即报告指导教师处理。

(4)注意保护镜头,切不可压碎标本玻片,损坏镜头。

(5)显微镜使用完毕,应检查显微镜,确保无损伤等后放回镜箱。

参考文献

白玉岷,等.电气工程安全技术及实施[M].北京:机械工业出版社,2011.

崔克清.安全工程实验与鉴别技术[M].北京:中国计量出版社,2005.

霍然.火灾爆炸预防控制工程学[M].北京:机械工业出版社,2007

蒋仲安.工业通风与除尘[M].北京:冶金工业出版社,2010.

瞿彩萍.电气安全事故分析及其防范[M].北京:机械工业出版社,2007.

李红杰,鲁顺清. 安全人机工程学[M].武汉:中国地质大学出版社,2006.

李洪.职业健康与安全(综合版) [M].北京:人民邮电出版社,2012.

刘清方,吴孟娴.锅炉压力容器安全[M].北京:首都经济贸易大学出版社,2000.

苏汝雄,王凤如.安全生产与劳动保护实用大全[M].北京:中国物价出版社,1999.

唐中华.通风除尘与净化[M].北京:中国建筑工业出版社,2009.

王志文,等.压力容器安全技术及事故分析[M].北京:中国劳动出版社,1993.

魏伴云,等.火灾与爆炸灾害安全工程学[M].武汉:中国地质大学出版社,2004.

张斌.安全检测与控制技术[M].北京:化学工业出版社,2011.

张敬东,等. 安全工程实践教学综合实验指导书[M].北京:冶金工业出版社,2009.

张乃禄.安全检测技术[M].西安:西安电子科技大学出版社,2012.

赵云胜.职业健康安全与环境(IISE)法规手册[M].北京:化学工业出版社,2008.

朱祖祥.工程心理学[M].上海:华东师范大学出版社,1990.